Abdelrahman Elsehsah

Monitorização espácio-temporal das alterações da ocupação do solo

Abdelrahman Elsehsah

Monitorização espácio-temporal das alterações da ocupação do solo

Utilização de técnicas de deteção à distância na região de Riade, KSA

ScienciaScripts

Cover image: www.ingimage.com

This book is a translation from the original published under ISBN 978-620-7-99637-7.

Publisher:
Sciencia Scripts
is a trademark of
Dodo Books Indian Ocean Ltd. and OmniScriptum S.R.L publishing group

120 High Road, East Finchley, London, N2 9ED, United Kingdom
Str. Armeneasca 28/1, office 1, Chisinau MD-2012, Republic of Moldova, Europe
Printed at: see last page
ISBN: 978-620-8-16853-7

Monitorização espácio-temporal das alterações da ocupação do solo utilizando técnicas de teledeteção na região de Riade, KSA

Por: Abdelrahman Elsehsah

Resumo

A dinâmica do uso e cobertura do solo (LULC) em Riade ao longo de uma década foi analisada de forma abrangente usando a plataforma Google Earth Engine (GEE). Ao aproveitar a coleção de imagens Landsat 8 e a coleção de imagens de luz nocturna de maio a agosto para os anos de 2013 e 2023, conseguimos gerar conjuntos de dados perspicazes que capturam a paisagem em mudança da região. A nossa abordagem envolveu um modelo de classificação Random Forest (RF) que apresentou consistentemente resultados de precisão louváveis acima de 92% para ambos os anos. Uma descoberta notável do estudo foi a expansão urbana pronunciada, particularmente em torno da cidade de Riade. Num período de apenas dez anos, a urbanização aumentou visivelmente, afectando o ambiente ecológico mais amplo da região. Curiosamente, a parte nordeste de Riade surgiu como um ponto focal deste crescimento, assinalando um rápido crescimento urbano de expansão e desenvolvimento urbano. Uma comparação entre os dois anos indica um aumento de 21,51% nas áreas construídas, revelando o ritmo transformador da expansão urbana. Em contrapartida, os padrões de cobertura vegetal apresentaram uma imagem mais matizada. Embora a nossa hipótese inicial previsse um declínio da vegetação, os resultados reais mostraram uma redução da vegetação em certas bolsas e um novo crescimento noutras, resultando num aumento global de

25,89%. Este padrão intrincado pode ser atribuído a mudanças nas práticas agrícolas, a esforços de florestação ou mesmo a imagens de satélite que não se alinham com o crescimento sazonal da vegetação. O solo nu, predominante na paisagem desértica de Riade, registou uma redução marginal de 0,37% ao longo da década, desafiando as nossas expectativas iniciais. Os avanços urbanos e agrícolas na Arábia Saudita parecem ter reduzido ligeiramente a extensão de terrenos estéreis. Este estudo, sustentado por um quadro metodológico rigoroso, revela as alterações multifacetadas da ocupação do solo em Riade em resposta ao desenvolvimento urbano e a factores ambientais. As informações precisas e baseadas em dados fornecidas pela nossa análise servem como ferramentas valiosas para compreender as trajectórias de crescimento urbano, orientando o planeamento urbano, a formulação de políticas e os esforços de desenvolvimento sustentável na região.

Agradecimentos

Em nome de Deus, clemente e misericordioso.

Índice

Declaração

"Li e compreendi a secção do manual que explica o plágio,

incluindo a relacionada com o trabalho de grupo . Certifico que, salvo indicação em contrário,

o trabalho aqui apresentado é inteiramente da minha autoria. Esta dissertação é da minha autoria sem qualquer ajuda

e não tenha sido apresentado para obtenção de um novo diploma em qualquer outro Ensino superior

Instituição. Não excede o limite de 10 000 palavras".

Introdução

1.1. Declaração do problema

A análise das alterações na utilização e ocupação do solo (LULC) reveste-se de uma importância primordial nos domínios da ciência ambiental e da geografia, lançando luz sobre as intrincadas interações entre as acções humanas e o ambiente. A paisagem global tem assistido a transformações substanciais nos padrões de utilização dos solos devido à rápida expansão urbana, ao crescimento agrícola, à desflorestação e aos avanços industriais (Seto et al., 2012). Estas alterações foram possíveis graças ao progresso tecnológico, à melhoria das redes de transportes e ao aumento da interconectividade global. Consequentemente, estas complexas interações deram origem a desafios na gestão sustentável das paisagens (Seto et al., 2013; Rudel et al., 2009). É imperativo avaliar e monitorizar regularmente a rápida expansão urbana e as alterações na utilização e ocupação do solo (LULC) para compreender as práticas de utilização do solo prevalecentes e as alterações no ambiente e na ecologia circundantes. Esta informação é inestimável para os planeadores e decisores políticos, uma vez que lhes permite conceber estratégias para atenuar as repercussões das rápidas alterações do LULC, melhorando assim as condições de vida urbana e a sustentabilidade global das cidades. Por conseguinte, a análise das alterações do LULC é fundamental para alcançar um dos principais Objectivos de Desenvolvimento Sustentável (ODS 11: Cidades e Comunidades Sustentáveis) adotado pelas Nações Unidas em 2015.

A paisagem da região de Riade, no reino da Arábia Saudita, tem sofrido rápidas transformações devido à rápida urbanização, ao desenvolvimento de infra-estruturas e ao crescimento populacional (Alqurashi & Kumar, 2017; Alsaad et al., 2020). Consequentemente, ocorreram alterações significativas nos aspetos urbanos e rurais da região, trazendo oportunidades e desafios em termos de gestão ambiental, desenvolvimento sustentável e qualidade de vida geral (Bahabri et al., 2021; Alqurashi & Kumar, 2017). Este crescimento tem sido alimentado por vários factores, incluindo o progresso económico, a melhoria da acessibilidade e a expansão das oportunidades, resultando em mudanças notáveis nos padrões de utilização dos solos e nas configurações espaciais - abrangendo questões como a desflorestação, a perda de biodiversidade, a degradação dos habitats, as alterações climáticas e a erosão dos solos (Alqurashi et al., 2015; Alsaad et al., 2020). Tais transformações têm ramificações para as paisagens urbanas e rurais, exigindo um equilíbrio entre a preservação ambiental e as necessidades de desenvolvimento (Bahabri et al., 2021; Alqurashi &

Kumar, 2017). Além disso, as regiões desérticas, incluindo a região de Riade, exibem uma dinâmica distinta nas mudanças de uso e cobertura do solo (LULC) em comparação com outras áreas, como países da região tropical e do hemisfério norte, devido a fatores como vegetação limitada, ecossistemas frágeis e escassez de água (Zhang & Chen, 2022). Para garantir a urbanização sustentável, o desenvolvimento de infra-estruturas, o equilíbrio ecológico e a acomodação do crescimento populacional em Riade, é imperativo um entendimento abrangente da dinâmica espácio-temporal das mudanças na cobertura do solo (Alqurashi & Kumar, 2017; Alsaad et al., 2020). Os métodos de teledeteção, incluindo as imagens de satélite e os Sistemas de Informação Geográfica (SIG), tornaram-se notoriamente importantes para a monitorização das alterações no uso e ocupação do solo (LULC), devido à sua capacidade de fornecer prontamente dados espaciais precisos (Cohen et al., 2016; Lu & Weng, 2007). Estas abordagens facilitam a captura estruturada e a avaliação de alterações no LULC em diferentes âmbitos, auxiliando assim a tomada de decisões informadas no planeamento urbano, na supervisão ambiental e na avaliação dos recursos naturais (Pettorelli et al., 2014; Jensen, 2007). Através da utilização de informação multiespectral e hiperespectral, as técnicas de deteção remota fornecem uma perspetiva abrangente das modificações na cobertura do solo e dos seus catalisadores subjacentes (Jensen, 2007;

Cohen et al., 2016).

A utilização de métodos de teledeteção para detetar a alteração da ocupação do solo na região de Riade está em consonância com iniciativas internacionais de maior dimensão para investigar a alteração das paisagens (Seto et al., 2012; Turner II et al., 2015). O rápido crescimento urbano aleatório e a expansão urbana podem conduzir a mais emissões de gases com efeito de estufa, poluição atmosférica, congestionamento rodoviário e falta de habitação a preços acessíveis (Miceli & Sirmans, 2007; Nechyba & Walsh, 2004; Slaev & Nikiforov, 2013). Além disso, a expansão da superfície de betão/pavimentada pode provocar o efeito de ilha de calor urbana (UHI) e o stress térmico pode ter um impacto adverso na saúde humana (Tan et al., 2010). Portanto, há uma necessidade crescente de monitorar as mudanças no LULC e avaliar os efeitos dessas mudanças no meio ambiente, nos ecossistemas e na qualidade de vida em geral, à medida que a urbanização continua a transformar a ecologia e o meio ambiente da área (Alqurashi et al., 2015; Bahabri et al., 2021). Pesquisas anteriores de Alqurashi & Kumar, 2017 e Alsaad et al., 2020 enfatizaram a rápida urbanização, o desenvolvimento de infraestrutura e o crescimento populacional na região, levando a alterações substanciais nas paisagens urbanas e agrícolas (Alqurashi & Kumar, 2017; Alsaad et al., 2020). Com base nestas descobertas e empregando técnicas avançadas de deteção remota e geoespaciais, este estudo sobre a deteção de alterações LULC pode fornecer uma visão matizada dos padrões específicos e das taxas de alterações do uso do solo, ao mesmo tempo que avalia os seus impactos ambientais e socioeconómicos. O objetivo desta investigação é melhorar o conhecimento atual através da realização de um exame exaustivo das alterações espácio-temporais da ocupação do solo na região de Riade, utilizando metodologias de deteção remota. Ao dissecar os padrões subjacentes a estas modificações, este estudo visa fornecer informações valiosas sobre a expansão urbana, o crescimento/redução dos terrenos agrícolas, etc., que podem oferecer orientações valiosas para o planeamento urbano, a gestão de recursos e a formulação de políticas, contribuindo para estratégias mais eficazes de atenuação das consequências negativas e de promoção do crescimento sustentável na região de Riade.

1.2. Formulação de hipóteses:

A expansão urbana envolve normalmente a criação de infra-estruturas essenciais como estradas, auto-estradas, aeroportos e zonas residenciais. Consequentemente, isto pode resultar na transformação de terrenos abertos e áreas agrícolas em redes de transportes e espaços urbanizados. Este processo pode resultar num aumento do solo exposto e da desflorestação, uma vez que o crescimento da vegetação se torna difícil em condições progressivamente mais secas. As seguintes hipóteses serão testadas neste estudo:

a. A expansão urbana na região de Riade levou a um aumento significativo da cobertura de solo construído.

b. A expansão das zonas urbanas conduziu a uma diminuição significativa do coberto vegetal.

c. O processo de desertificação na região de Riade conduziu a um aumento significativo de

cobertura de solo nu.

1.3. Objectivos da investigação

Objectivos principais que se espera alcançar com esta investigação:

1. Monitorizar e cartografar as alterações espácio-temporais da cobertura do solo na região de Riade nos últimos dez anos, utilizando imagens de satélite de alta resolução do Landsat.
2. Identificar e quantificar as alterações nos diferentes tipos de ocupação do solo, incluindo zonas urbanas, vegetação e terrenos estéreis.
3. Avaliar a exatidão e a fiabilidade dos dados de deteção remota e da análise SIG na deteção e cartografia das alterações da ocupação do solo.

4. Fornecer informações valiosas sobre a expansão urbana, a expansão urbana, o crescimento/redução da cobertura vegetal na área de estudo.

1.4. Âmbito e importância do estudo

Este estudo centra-se na região de Riade, estrategicamente posicionada no coração do Reino da Arábia Saudita (KSA). Para além da sua importância geográfica, Riade é um centro central para a política, a economia e a cultura da nação (Al-Tuwaijri et al,2018). A sua rápida evolução e as profundas alterações na cobertura do solo tornam-na um caso exemplar para compreender as consequências ambientais da rápida urbanização e do desenvolvimento de infra-estruturas. Os factores que impulsionam a mudança do LULC em Riade incluem a rápida urbanização, a expansão das infra-estruturas, o crescimento populacional e o avanço económico. Detetar e monitorizar estas alterações é de extrema importância no contexto do deserto árido de Riade para compreender as mudanças nos padrões de utilização do solo, avaliar os seus impactos ambientais e formular estratégias de desenvolvimento sustentável. Esta investigação, utilizando imagens de satélite, em particular do Landsat, abrange um horizonte temporal alargado, permitindo uma análise abrangente das transformações da ocupação do solo observadas ao longo da última década.

O significado desta investigação ultrapassa a mera curiosidade académica. Tem o potencial de fazer avançar a nossa compreensão científica da dinâmica da ocupação do solo, particularmente em regiões áridas que registam um rápido crescimento urbano. Além disso, os resultados deste estudo podem informar estratégias acionáveis para mitigar os efeitos adversos das alterações do solo, tais como a fragmentação do habitat, o declínio da biodiversidade e as consequências crescentes das alterações climáticas. Para além dos seus contributos científicos, esta investigação tem implicações práticas para os decisores políticos e os responsáveis pelo planeamento urbano. Ao lançar luz sobre os meandros da dinâmica da ocupação do solo, sublinha a necessidade de elaborar políticas de utilização do solo bem informadas. Estas políticas podem esforçar-se por encontrar um equilíbrio harmonioso entre os imperativos da expansão urbana e a necessidade igualmente premente de conservação ecológica.

1.5. Área de estudo

A área de estudo desta investigação abrange Riade, situada a cerca de 24,7136° de latitude norte e 46,6753° de longitude leste, na região central da Arábia Saudita. Cobrindo uma área de aproximadamente 1.913 quilómetros quadrados (738 milhas quadradas), a cidade é habitada por cerca de 7,8 milhões de pessoas. Notavelmente situada longe de qualquer linha costeira, Riade está aninhada na extensa paisagem desértica da Península Arábica. Nos últimos anos, esta cidade desértica, outrora convencional, sofreu uma rápida transformação numa metrópole vibrante, o que resultou em mudanças significativas nos seus padrões de utilização e ocupação do solo (Alqurashi & Kumar, 2017; Alsaad et al., 2020). O aumento da urbanização alterou notavelmente a paisagem da cidade, uma vez que as infra-estruturas, as áreas residenciais, os distritos comerciais e as zonas industriais se expandiram para acomodar o aumento do crescimento económico, as oportunidades e a melhoria das instalações (Alsaad et al., 2020; Kumar, 2017). O ritmo e a escala do crescimento de Riade distinguem-na das tendências de expansão urbana noutros locais, convertendo rapidamente extensas áreas desérticas em paisagens urbanas num período de tempo relativamente curto.

No entanto, este crescimento sem precedentes deu origem a uma série de desafios, incluindo a escassez de recursos, infra-estruturas inadequadas, degradação ambiental e o esgotamento dos habitats naturais (Alsaad et al., 2020; Kumar, 2017; Alqurashi & Kumar, 2017; Alsaad et al., 2020). Estas questões sublinham a necessidade premente de um planeamento urbano equilibrado para garantir o desenvolvimento sustentável, preservando simultaneamente o equilíbrio ecológico único da região. Esta transformação oferece um contexto ideal para explorar factos como o planeamento urbano, as consequências ambientais e as estratégias para gerir a expansão urbana de forma sustentável.

Dada a envolvente desértica e seca, a intrincada dinâmica socioeconómica e as caraterísticas distintivas do crescimento de Riade, este estudo pretende analisar as alterações na utilização e cobertura do solo. Para compreender o âmbito mais alargado da expansão urbana e das alterações da vegetação/terreno agrícola, foi selecionada como área de estudo toda a região de Riade, que abrange aproximadamente 377 688 quilómetros quadrados (37 768 819 hectares). Esta escolha proporciona um contexto abrangente para investigar as complexidades das alterações LULC face à rápida urbanização e desenvolvimento.

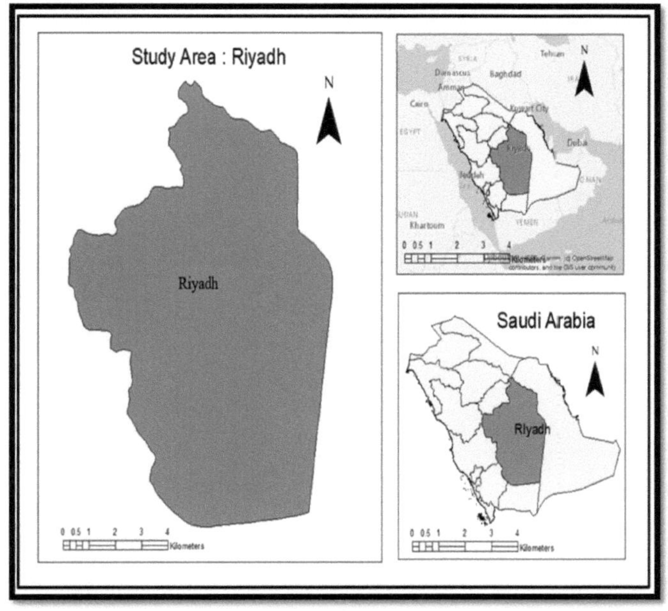

Figura 1: Mapa da área de estudo da região de Riade, Arábia Saudita.

Revisão da literatura

A monitorização das alterações da ocupação do solo é crucial para compreender o impacto das actividades humanas e das alterações climáticas no ambiente. A utilização de técnicas de teledeteção surgiu como um método eficaz para captar e analisar estas alterações, especialmente em grandes áreas geográficas. Esta revisão da literatura tem por objetivo avaliar e sintetizar as ideias de investigações anteriores, centrando-se na aplicação de dados de deteção remota para detetar e interpretar modificações espácio-temporais da ocupação do solo na região de Riade, na Arábia Saudita. Ao examinar as conclusões de vários estudos, esta revisão procura fornecer uma compreensão abrangente da extensão e dos factores de mudança da ocupação do solo na região e realçar a eficácia das técnicas de deteção remota na monitorização destas transformações.

Nos últimos anos, o Google Earth Engine (GEE) tornou-se uma ferramenta inestimável para processar e analisar grandes quantidades de imagens de satélite. A sua plataforma baseada na nuvem permite que os investigadores acedam e manipulem grandes conjuntos de dados, efectuem análises espaciais complexas e visualizem com elevada precisão as alterações da ocupação do solo ao longo do tempo. A integração da GEE nos estudos de alteração da ocupação do solo permite uma análise mais eficiente e escalável, facilitando a monitorização em tempo real e o desenvolvimento de processos de tomada de decisão baseados em dados. Esta revisão explorará também as vantagens e aplicações específicas da GEE no contexto da deteção e análise das alterações da ocupação do solo, demonstrando o seu potencial para melhorar a nossa compreensão e gestão das alterações ambientais.

Alterações na ocupação do solo

Na sua essência, as alterações da ocupação do solo representam a transformação dos atributos da superfície da Terra, englobando os seus aspectos físicos e biológicos. Estas alterações resultam de uma miríade de factores, que vão desde fenómenos naturais inerentes a actividades antropogénicas discerníveis. Na região de Riade, os principais catalisadores que instigam estas alterações englobam a urbanização, a agricultura e o fenómeno generalizado da desertificação. A rápida expansão urbana e a intensificação das actividades agrícolas conduziram, cumulativamente, a um acentuado empobrecimento da cobertura vegetal natural da região. Por outro lado, a desertificação, marcada pela degradação persistente de terras férteis, manifesta-se na proliferação extensiva de terrenos estéreis, alterando fortemente a paisagem e o equilíbrio ecológico da região (Ibrahim, et al, 2015)

A monitorização das alterações da ocupação do solo continua a ser indispensável para compreender as consequências das actividades humanas e os impactos predominantes das alterações climáticas no nosso ambiente. A utilização de técnicas de deteção remota destaca-se como uma das metodologias mais eficazes para captar e analisar estas transformações, especialmente em áreas geográficas extensas. Esta revisão da literatura pretende avaliar e sintetizar de forma abrangente as ideias de esforços de investigação anteriores, concentrando-se na utilização de dados de deteção remota para detetar e interpretar modificações espácio-temporais da ocupação do solo específicas da região de Riade, na Arábia Saudita (Alessandrini et al., 2022).

Técnicas de deteção remota

As técnicas de deteção remota, que constituem a base destes estudos, permitem acumular e analisar informações terrestres sem necessidade de contacto físico com o terreno em questão. Estas técnicas abrangem um vasto espetro, incluindo sensores baseados em satélites, fotografias aéreas complexas e a avançada tecnologia LiDAR (Light Detection and Ranging). Destes, os sensores baseados em satélite são predominantemente favorecidos no domínio da monitorização da alteração da ocupação do solo. A sua atração pode ser atribuída à sua extensa cobertura geográfica, aos ciclos de aquisição de dados consistentes e periódicos e, sobretudo, à sua capacidade de fornecer conjuntos de dados multiespectrais e multitemporais. Estas fontes de dados holísticas e recorrentes dão aos investigadores e decisores políticos uma visão abrangente e matizada das paisagens em evolução, permitindo decisões informadas e intervenções proactivas (Wang et al., 2009).

Estudos anteriores

Foram realizados vários estudos para monitorizar as alterações da cobertura do solo na região de Riade utilizando técnicas de deteção remota. Alqurashi e Gharbia (2018) utilizaram imagens Landsat para avaliar as alterações da cobertura do solo entre 1987 e 2017. Descobriram que as áreas urbanas aumentaram de 1.155 km² para 2.962 km², enquanto as terras agrícolas diminuíram de 12.315 km² para 9.147 km². Alqurashi et al. (2019) utilizaram dados do Sentinel-2 para mapear as mudanças na cobertura da terra na região de Riade entre 2016 e 2018, descobrindo que as áreas urbanas aumentaram em 84 km², enquanto as terras estéreis diminuíram em 245 km². Também registaram um aumento das áreas cobertas por terrenos agrícolas e vegetação. Alharbi et al. (2019) utilizaram dados Landsat para monitorizar as alterações da cobertura do solo na região oriental da Arábia Saudita, incluindo Riade, descobrindo um aumento das áreas urbanas de 691 km² para 2 638 km² entre 1987 e 2018, enquanto a vegetação natural diminuiu de 18 283 km² para 9 245 km². Alrashed e Kumar (2017) utilizaram dados Landsat para analisar as mudanças espaço-temporais na cobertura e uso da terra na região de Riad entre 1990 e 2014, revelando que as áreas urbanas se expandiram de 156 km² para 2.946 km², enquanto a vegetação natural diminuiu de 28.279 km² para 22.932 km².

Contexto internacional

Para além destes estudos regionais, vários estudos internacionais fornecem um contexto mais amplo para a monitorização das alterações da ocupação do solo através da deteção remota. Por exemplo, Wang et al. (2020) utilizaram dados Landsat e Sentinel-2 para mapear e analisar as alterações da ocupação do solo na bacia do lago Poyang, na China, descobrindo que as áreas urbanas aumentaram 132%, enquanto as massas de água diminuíram 16% entre 1990 e 2019. Singh et al. (2021) utilizaram técnicas de deteção remota e SIG para analisar as alterações espácio-temporais da ocupação do solo no delta de Sunderbans, na Índia, tendo registado uma diminuição de 27 % na cobertura florestal dos mangais entre 2000 e 2018 devido a atividades humanas como a aquicultura, a agricultura e o abate de árvores. Mwampamba et al. (2018) utilizaram dados Landsat para cartografar e analisar as alterações espácio-temporais da cobertura do solo no vale de Kilombero, na Tanzânia, tendo constatado uma diminuição de 17% das áreas florestais entre 1990 e 2016, a par de aumentos significativos das terras agrícolas e das áreas urbanas.

Adeniji et al. (2021) monitorizaram as alterações espácio-temporais da cobertura do solo na região do delta do Níger, na Nigéria, utilizando dados Landsat para mapear as alterações entre 1984 e 2018, revelando que a urbanização e a exploração petrolífera foram os principais motores das alterações da cobertura do solo, conduzindo a declínios significativos nos ecossistemas florestais e de mangais, enquanto as terras agrícolas e as áreas urbanas aumentaram. Shen et al. (2020) utilizaram técnicas de deteção remota para monitorizar as alterações da ocupação do solo na bacia superior do rio Mekong, na China, entre 1990 e 2018, constatando diminuições significativas da cobertura vegetal natural, a par de aumentos nos terrenos agrícolas e nas zonas urbanas, o que resultou em alterações na disponibilidade e na qualidade da água. Duan et al. (2021) monitorizaram as alterações do coberto vegetal nas montanhas Qilian, na China, utilizando dados Landsat e Sentinel-2, tendo constatado uma diminuição significativa do coberto vegetal natural e um aumento das terras agrícolas e das zonas urbanas, com impacto na disponibilidade e na qualidade da água. Alemu et al. (2021) utilizaram técnicas de teledeteção para monitorizar as alterações da ocupação do solo na bacia do lago Tana, na Etiópia, tendo constatado um aumento significativo das terras agrícolas e uma diminuição das áreas florestais e das zonas húmidas, o que afectou a disponibilidade e a qualidade da água. Ahmad et al. (2021) utilizaram técnicas de teledeteção para monitorizar as alterações da ocupação do solo na bacia do rio Swat, no Paquistão, entre 1989 e 2019, tendo constatado uma diminuição significativa da cobertura vegetal natural e um aumento das terras agrícolas e das zonas urbanas, com impacto na disponibilidade e na qualidade da água.

Zhang et al. (2020) utilizaram técnicas de teledeteção para monitorizar as alterações da ocupação do solo no delta do rio das Pérolas, na China, tendo concluído que a urbanização foi o principal motor das alterações da ocupação do solo, conduzindo a aumentos significativos das áreas urbanas e a declínios da cobertura vegetal natural. Gessesse et al. (2020) utilizaram técnicas de teledeteção para monitorizar as alterações da cobertura do solo no Vale do Rift Central da Etiópia, tendo constatado um aumento significativo das terras agrícolas e uma diminuição das áreas florestais e de pastagem, o que afecta a disponibilidade e a qualidade da água. Cheng et al. (2019) utilizaram técnicas de teledeteção para monitorizar as alterações da ocupação do solo no planalto de Qinghai-Tibete, na China, entre 2001 e 2015, tendo constatado uma diminuição significativa das zonas de pastagem e das zonas húmidas e um aumento das zonas estéreis e das zonas urbanas, com impacto no armazenamento de carbono e no clima regional. Cheng et al. (2019) também monitorizaram as alterações da ocupação do solo na bacia do rio Indo, no Paquistão, entre 1987 e 2016, tendo constatado uma diminuição significativa da cobertura vegetal natural e um aumento das terras agrícolas e das zonas urbanas, com impacto na disponibilidade e na qualidade da água.

Necessidade de avaliações periódicas

Existe uma grande quantidade de literatura sobre a análise das alterações da utilização e ocupação do solo (LULC); no entanto, são necessárias avaliações periódicas das alterações da LULC para monitorizar as práticas actuais de utilização do solo, compreender as alterações ambientais e ecológicas e apoiar os planeadores e decisores políticos na formulação de estratégias para controlar o crescimento não planeado e melhorar as condições de vida urbana e a sustentabilidade global das cidades. Por conseguinte, este estudo avaliará as alterações recentes do LULC na região de Riade, comparando os últimos dados disponíveis com dados de satélite anteriores. Além disso, vários estudos anteriores centraram-se especificamente na análise das alterações do LULC na cidade de Riade, mas ignoraram as cidades mais pequenas circundantes na região de Riade (Alqurashi & Kumar, 2013). Assim, a análise da mudança LULC de toda a região de Riade é crucial para compreender como a expansão urbana circundante e as cidades mais pequenas estão a evoluir ao longo do tempo. As cidades maiores dependem fortemente das áreas mais pequenas circundantes e das explorações agrícolas para obter produtos agrícolas e matérias-primas.

Por conseguinte, a análise das alterações nas terras agrícolas e na vegetação em toda a região de Riade ajudará a compreender como a crescente procura de produtos agrícolas nas cidades circundantes influencia a produção agrícola na região.

Modelos de aprendizagem automática para classificação LULC

Para além da análise das alterações LULC, a seleção de um modelo de aprendizagem automática para a classificação LULC é também uma parte importante do processo. No domínio da aprendizagem automática, as tarefas de classificação consistem em categorizar os dados em classes ou rótulos predefinidos com base nas suas caraterísticas. Alguns modelos de aprendizagem automática destacam-se pelas suas técnicas sofisticadas de tratamento de erros e pela capacidade de gerar estatísticas inferenciais. Vários estudos utilizaram a máquina de vectores de suporte (SVM) (Reis & Yılancı, 2019) para a classificação LULC, enquanto outros utilizaram modelos de aprendizagem profunda (Gbodjo et al., 2019). No entanto, para problemas de classificação em grande escala, o modelo Random Forest (RF) é amplamente utilizado e altamente popular (Melichar, 2022; Dubertret et al., 2020). As florestas aleatórias podem tratar dados categóricos e numéricos, o que as torna adequadas para diversos conjuntos de dados. O modelo lida inerentemente com dados em falta e não requer um pré-processamento exaustivo, o que pode ser um estrangulamento nos pipelines de aprendizagem automática.

Tumer & Ghosh (1996) provaram que a combinação dos resultados de vários classificadores para prever um resultado permite obter uma precisão de classificação muito elevada. Esta é a base do classificador de conjunto RF, que combina os resultados de várias árvores de decisão para decidir o rótulo de um novo dado de entrada com base na votação máxima.

A Floresta Aleatória seleciona aleatoriamente um subconjunto de amostras de treino através de substituição para construir uma única árvore, ou seja, utiliza a técnica de ensacamento em que, para cada árvore, os dados são amostrados a partir do conjunto de treino completo original. Isto pode fazer com que as mesmas amostras sejam selecionadas para árvores diferentes, enquanto outras não são selecionadas de todo (Breiman, 1996). As amostras que não são utilizadas para o treino (amostras fora do saco) são utilizadas internamente para avaliar o desempenho do classificador e fornecem uma estimativa não enviesada do erro de generalização. Além disso, em cada nó, o RF efectua a seleção aleatória de variáveis das amostras de treino para determinar a melhor divisão para construir uma árvore.

Embora isso possa diminuir a força das árvores individuais, reduz a correlação entre as árvores, resultando em menor erro de generalização (Breiman, 2001). Para escolher a melhor divisão, o RF utiliza a medida do Índice de Gini que dá uma medida da impureza dentro de um nó. A divisão é efectuada de forma a que haja uma diminuição da entropia e um aumento do ganho de informação após a divisão. Mas o desempenho dos classificadores baseados em árvores é mais afetado pela escolha dos métodos de poda do que pela melhor medida de seleção da divisão (Pal & Mather, 2003). O RF é imune a estes efeitos, uma vez que constrói árvores sem necessidade de empregar técnicas de poda (M Pal, 2005).

Um dos parâmetros definidos pelo utilizador para o RF é o número de árvores. Breiman (1999) sugere que o erro de generalização converge sempre à medida que o número de árvores aumenta. Assim, não há problema de sobreajuste, o que também pode ser atribuído à Lei Forte dos Grandes Números (Feller, 1971). Assim, para RF, o número de árvores pode ser tão grande quanto possível, mas além de um certo ponto, árvores adicionais não ajudarão a melhorar o desempenho do classificador (Guan et al., 2013). Belgiu & Drăguţ (2016) sugerem em sua revisão que a maioria dos artigos usa 500 árvores para classificação de RF, enquanto há alguns outros estudos que usam 5000,1000 ou 100 árvores para RF. E entre estes, 500 é considerado como o valor ótimo aceitável para o número de árvores. O número de variáveis necessárias para decidir a melhor divisão é outro parâmetro definido pelo utilizador que afecta fortemente o desempenho da RF. Normalmente, esse parâmetro é definido como a raiz quadrada do número de variáveis de entrada.

Uma única árvore pode não captar a importância de todas as caraterísticas de entrada e pode favorecer certas caraterísticas durante a classificação, mas uma combinação de árvores tem em conta todas as caraterísticas que são selecionadas aleatoriamente a partir das amostras de treino. Assim, em termos de deteção remota, a RF ajuda a compreender a importância relativa de diferentes variáveis derivadas das bandas de uma imagem de satélite. A RF avalia cada variável removendo uma das variáveis de entrada escolhidas aleatoriamente, mantendo as outras variáveis constantes. Estima a precisão com base no erro fora do saco e na diminuição do índice de Gini (Ghosh, Sharma, & Joshi, 2014). Além disso, o RF também mede a proximidade de duas amostras escolhidas com base no número de vezes que o par acaba no mesmo nó terminal. Esta análise de proximidade ajuda a detetar amostras de treino incorretamente rotuladas e torna o RF insensível ao ruído (Rodriguez-Galiano, Ghimire, Rogan, Chica-Olmo, & Rigol-Sanchez, 2012).

O RF ganhou importância devido à sua robustez face ao ruído e aos outliers. Além disso, o RF tem um desempenho melhor do que outros classificadores que utilizam métodos de conjunto, como bagging e boosting (Gislason et al., 2006). O RF provou mesmo dar bons resultados quando utilizado em várias aplicações, como a classificação de paisagens urbanas (Ghosh et al., 2014), a classificação da ocupação do solo em dados SAR multitemporais e multifrequência (Waske & Braun, 2009), etc.

As florestas aleatórias são também menos propensas a sobreajustes devido à sua natureza de conjunto e fornecem informações valiosas sobre a importância das caraterísticas, ajudando a fazer inferências. Por conseguinte, este estudo utilizará o modelo Random Forest para a classificação LULC.

Classificação utilizando o Google Earth Engine (GEE)

A classificação utilizando GEE é fundamental para alcançar uma maior precisão na cartografia da utilização e ocupação do solo (LULC). Com a disponibilidade de imagens de deteção remota gratuitas e de alta resolução, os investigadores têm agora oportunidades sem precedentes para melhorar os mapas existentes. As principais estratégias incluem a seleção de amostras de treino adequadas, a incorporação de mais caraterísticas de entrada, a utilização de imagens multitemporais de maior resolução e a utilização de técnicas de classificação avançadas. Estes esforços abordam coletivamente o desafio dos "Grandes Dados", exigindo infra-estruturas informáticas e capacidades de armazenamento substanciais para a classificação de imagens (Azzari & Lobell, 2017).

A GEE, uma plataforma multi-petabyte baseada na nuvem, oferece computação paralela e um catálogo de dados abrangente para análise geoespacial à escala planetária. Automatiza o processamento paralelo e fornece acesso a extensos conjuntos de dados públicos, como os arquivos Landsat do USGS, conjuntos de dados Sentinel, dados globais de ocupação do solo e conjuntos de dados climáticos. O GEE simplifica o pré-processamento de imagens com métodos integrados e suporta uma vasta gama de funções, incluindo mascaramento, operadores lógicos e amostragem de dados para manipulação de imagens e vectores. Além disso, os utilizadores podem alargar as funcionalidades utilizando APIs Python e JavaScript. Devido às suas capacidades robustas, o GEE tem sido amplamente adotado na investigação LULC (Gorelick et al., 2017).

O mapeamento global da cobertura do solo, fundamental na deteção remota, beneficia significativamente das capacidades do GEE. Gong et al. (2013) exemplificaram este facto ao desenvolverem um mapa global de cobertura do solo de 30 m utilizando ferramentas de computação em nuvem disponíveis no GEE. Do mesmo modo, Midekisa et al. (2017) utilizaram o GEE para gerar mapas anuais sobre África durante 15 anos, demonstrando a sua escalabilidade e eficiência. Hansen et al.

(2013) utilizaram a GEE para criar um mapa global de alterações da cobertura florestal, utilizando imagens de satélite multitemporais ao longo de 12 anos para monitorizar a perda e o ganho de floresta com uma resolução de 30 m.

Abordar os desafios da urbanização a uma escala global requer ferramentas de análise robustas como a GEE. Os estudos de Goldblatt et al. (2016), Trianni et al. (2014) e Patel et al. (2015) realizaram com sucesso classificações e análises de LULC em grande escala usando GEE, facilitando a criação de conjuntos de dados nacionais e globais económicos.

Metodologia

3.1. Panorama metodológico

Neste capítulo, foram ilustrados os métodos de recolha de dados, o tratamento dos dados e as técnicas de análise dos dados. Na secção relativa à área de estudo, é discutida a justificação para a seleção de uma determinada área e as informações relevantes, incluindo o mapa da área de estudo. Na parte relativa à recolha de dados, é apresentado o procedimento de extração dos dados. Na última secção, que é a secção de análise de dados e deteção de alterações, são descritas em pormenor as técnicas ou etapas utilizadas nesta investigação para alcançar o resultado final. Juntamente com estas, é preparado um quadro analítico (Fig. 2) para a realização de toda a ideia metodológica. O fluxo de trabalho metodológico do procedimento de classificação LULC e da deteção de alterações é apresentado. As tarefas de pré-processamento, classificação, pós-processamento e avaliação da exatidão dos dados foram realizadas no Google Earth Engine (GEE) utilizando a API Python. A recolha de amostras de treino e a análise da deteção de alterações foram efectuadas utilizando o ArcGIS pro.

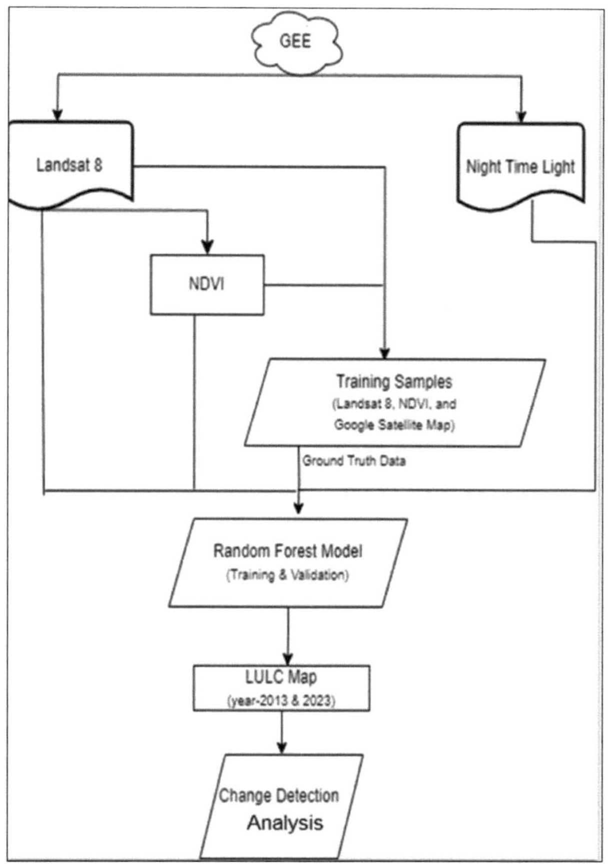

Figura 2: Fluxo de trabalho metodológico da classificação LULC para os anos 2013 e 2023 da região de Riade.

3.2. Recolha e tratamento de dados

A investigação utiliza dados existentes para análise, recorrendo a imagens de satélite multiespectrais de dois períodos de tempo distintos, nomeadamente 2013 e 2023. Estas imagens foram obtidas a partir da plataforma Google Earth Engine para identificar alterações no uso e ocupação do solo (LULC). O Landsat 8 Operational Land Imager/Thermal Infrared Sensor (OLI/TIRS), acessível desde 2013, fornece dados de satélite multiespectrais de resolução de 30 m, disponíveis gratuitamente, que incluem 11 bandas espectrais (ver Quadro 1) adequadas para categorizar os tipos de ocupação do solo.

Tabela 1: Bandas espectrais principais das imagens Landsat 8.

Resolution (m)	Wave length (μm)	Bands
30	0.45-0.43	Band 1 – Coastal aerosol
30	0.51-0.45	Band 2 - Blue
30	0.59-0.53	Band 3 - Green
30	0.67-0.64	Band 4 - Red
30	0.88-0.85	Band 5 – Near Infrared (NIR)
30	1.65-1.57	Band 6 -SWIR 1
30	2.29-2.11	Band 7 -SWIR 2
15	0.68-0.50	Band 8 - Panchromatic
30	1.38-1.36	Band 9 - Cirrus
100	11.19-10.60	Band 10 – Thermal Infrared (TIRS) 1
100	12.51-11.50	Band 11 – Thermal Infrared (TIRS) 2

Não foram utilizadas imagens de outra plataforma de satélite popular, o Sentinel 2, uma vez que só estão disponíveis a partir de 2015. Para monitorizar as alterações no Uso e Cobertura do Solo (LULC) numa década, as imagens Landsat (Nível 2, Pneu 1) de anos distintos (2013 e 2023) foram derivadas da plataforma Google Earth Engine (GEE) (ver Quadro 2) (Gorelick et al., 2019). O conjunto de dados Landsat 8 Nível 2 Pneu 1 no GEE contém reflectância da superfície corrigida atmosfericamente e temperatura da superfície terrestre derivada dos dados produzidos pelos sensores Landsat 8 OLI/TIRS. Estas imagens incluem 5 bandas de visível e infravermelho próximo (VNIR) e 2 bandas de infravermelho de onda curta (SWIR) processadas para reflectância de superfície ortorrectificada, e uma banda de infravermelho térmico (TIR) processada para temperatura de superfície ortorrectificada. O conjunto de dados inclui também bandas intermédias utilizadas no cálculo dos produtos de temperatura da superfície (ST), bem como bandas de garantia de qualidade (QA). As bandas QA são utilizadas para filtrar as imagens nubladas.

Tabela 2: Informações sobre a imagem de satélite

Sensor	Date of Acquisition	
Landsat 8 OLI/TIRS Operational Land Imager/Thermal Infrared Sensor	2013	Start Date: 2013-04-01
		End Date: 2013-10-29
	2023	Start Date: 2023-01-01
		End Date: 2023-07-30

Juntamente com as imagens Landsat 8, os dados do VIIRS Nighttime Day/Night Band Composites Versão 1 foram utilizados para identificar e classificar com precisão as áreas construídas (Goldblatt et al., 2018; Hasan et al., 2019; Yao et al., 2018). Os compósitos de banda noturna diurna/noturna (DNB) do VIIRS oferecem uma ferramenta valiosa para a classificação do uso e cobertura do solo (LULC), especialmente em ambientes urbanos. Os padrões de iluminação capturados pelo DNB podem discernir áreas construídas, redes de transporte e até mesmo atividades agrícolas. As assinaturas espectrais distintas das luzes artificiais permitem a diferenciação entre zonas comerciais, residenciais e industriais. A incorporação de dados noturnos do DNB melhora os modelos LULC tradicionais que dependem apenas de imagens diurnas, levando a classificações mais precisas e abrangentes (Goldblatt et al., 2018). Ao lançar luz sobre as paisagens nocturnas, o DNB desempenha um papel fundamental na compreensão e mapeamento das interações homem-ambiente.

Além disso, o Índice de Vegetação por Diferença Normalizada (NDVI) foi utilizado para melhorar o desempenho da classificação, uma vez que foi utilizado em estudos anteriores para a classificação de LULC e alcançou maior precisão (Usman et al., 2015; Le et al., 2022). O NDVI é uma métrica de deteção remota amplamente utilizada que quantifica a saúde e a densidade da vegetação medindo a diferença entre o infravermelho próximo (NIR) e a luz vermelha visível. Os investigadores têm utilizado o índice NDVI para mapear e monitorizar áreas verdes utilizando imagens de satélite (Sonawane & Bhagat, 2017; Wen et al., 2017). Os valores deste índice variam de -1 a +1, dependendo dos valores dos Números Digitais (DN) nas bandas espectrais do Infravermelho Próximo (NIR) e do Vermelho (Sonawane & Bhagat, 2017). Os valores negativos deste índice, que normalmente variam entre 0,1 e 0,2, correspondem a rochas, nuvens, neve, massas de água e solo nu. A vegetação saudável e a vegetação densa têm tipicamente valores positivos próximos de 0,5, enquanto a vegetação esparsa varia entre 0,2 e 0,5. A vegetação moderadamente densa varia tipicamente entre 0,4 e 0,6, e valores acima de 0,6 indicam uma elevada densidade de vegetação (Malik et al., 2019). A fórmula para o NDVI é:

NDVI= (NIR+RED)/(NIR-RED) (1)

Onde NIR representa a reflectância no infravermelho próximo e RED representa a reflectância no vermelho. Na classificação de LULC, o NDVI pode ser muito útil na diferenciação entre áreas vegetadas e não vegetadas. Valores elevados de NDVI correspondem normalmente a vegetação densa, como florestas, enquanto valores baixos podem indicar terrenos estéreis ou áreas urbanas. A incorporação do NDVI nos modelos de classificação LULC aumenta a precisão no discernimento de diferentes coberturas do solo, especialmente entre várias classes de vegetação. O NDVI foi obtido a partir da banda espetral NIR e vermelha do Landsat 8 utilizando a equação (1).

Por conseguinte, para a classificação das imagens dos anos de 2013 e 2023, foram utilizados os dados NDVI, de luz nocturna, juntamente com as bandas espectrais - vermelho, verde, azul, infravermelho próximo, infravermelho de onda curta 1, infravermelho de onda curta 2, infravermelho térmico 1 e infravermelho térmico 1 do Landsat 8. As figuras 3, 4 e 5 apresentam o composto de bandas RGB do Landsat 8, o NDVI e os dados de luz nocturna para os anos de 2013 e 2023.

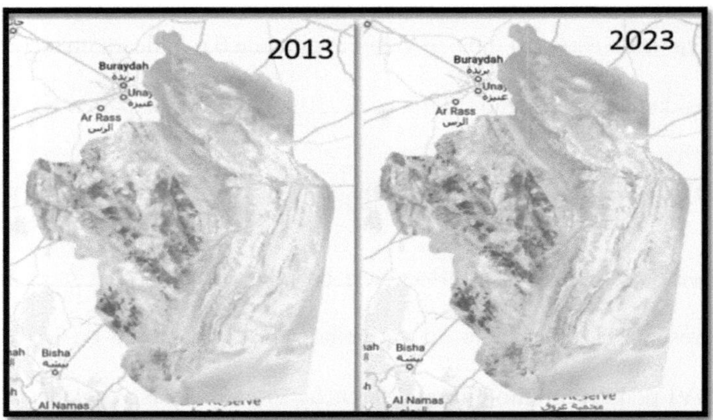

Figura 3: Bandas compostas Landsat 8 OLI/TIRS RGB da área de estudo.

As imagens compostas da banda RGB do Landsat 8 para os anos 2013 e 2023 mostram padrões espectrais distintos na área de estudo. Pode observar-se que o solo nu/areia tem assinaturas espectrais claras e escuras. Este tipo de padrão dificulta o processo de classificação devido à variação das assinaturas espectrais das mesmas caraterísticas físicas ou categoria.

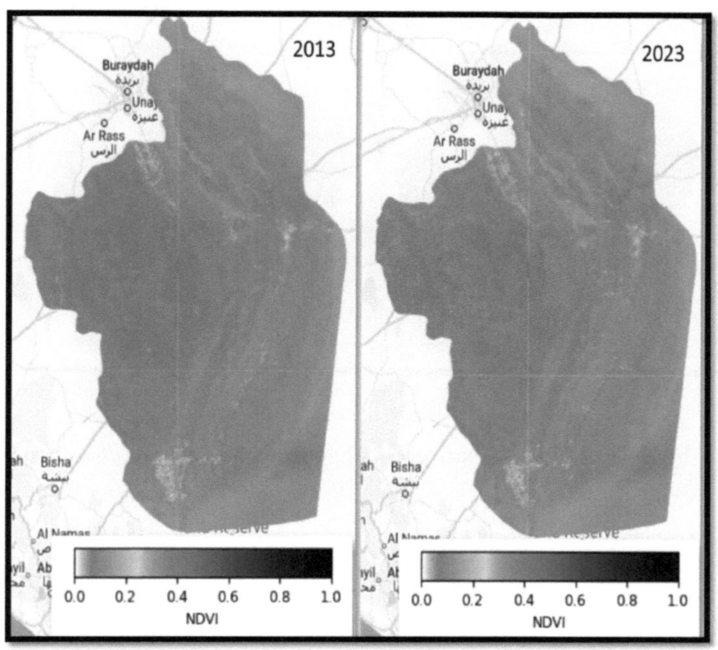

Figura 4: Mapa NDVI da área de estudo para os anos 2013 e 2023.

O mapa NDVI mostra a presença de terrenos agrícolas / vegetação na área de estudo, especialmente nas partes sul e norte. A camada NDVI foi criada a partir da banda NIR e RED do Landsat 8, utilizando a equação (1). O valor 1 do NDVI indica vegetação densa e 0 indica áreas sem vegetação. Pode ver-se que os valores de NDVI acima de 0,2 representam a vegetação/terreno agrícola. A inclusão do NDVI juntamente com as bandas espectrais do Landsat 8 no modelo de aprendizagem automática ajudaria a separar as caraterísticas da vegetação do solo nu.

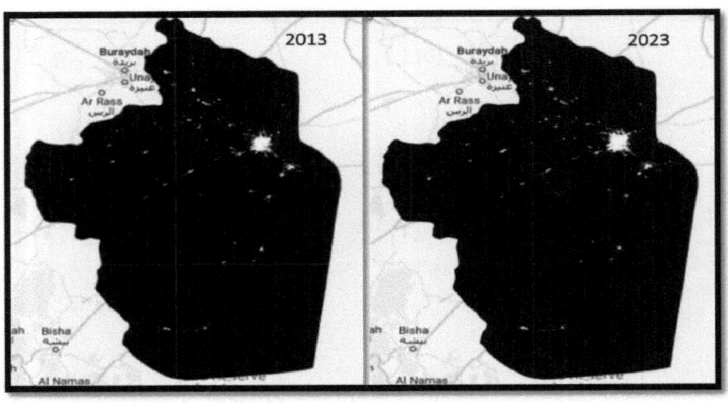

Figura 5: Dados compósitos da banda nocturna diurna/noturna do VIIRS para os anos de 2013 e 2023.

Os dados da luz nocturna detectam claramente as caraterísticas artificiais ou as áreas construídas. Pode ver-se que a cidade de Riade tem as maiores iluminações luminosas em comparação com as restantes áreas. A resolução espacial dos dados de luz nocturna VIIRS é de 463,83 metros. Para os tornar coerentes com as bandas espectrais Landsat 8 de 30 metros, os dados noturnos foram melhorados utilizando técnicas de reamostragem. Os dados noturnos reamostrados foram utilizados juntamente com as bandas espectrais NDVI e Landsat 8 para análise posterior.

3.3. Amostras de treino

As amostras de treino são conjuntos de dados cruciais para a aprendizagem automática supervisionada que representam tipos distintos de ocupação do solo. Estas amostras são manchas anotadas de imagens aéreas ou de satélite que são rotuladas de acordo com a sua ocupação do solo, como florestas, zonas urbanas, massas de água ou agricultura. A precisão e a variedade destas amostras influenciam diretamente a capacidade do modelo de aprendizagem automática para generalizar e classificar corretamente áreas maiores. A recolha de amostras diversificadas e representativas é vital para a formação de modelos robustos e, muitas vezes, requer a verificação da verdade terrestre para garantir a precisão. Conjuntos de dados de treino corretamente preparados podem melhorar significativamente os resultados nas tarefas de classificação LULC. Este estudo centrou-se na categorização do uso do solo da região de Riade em quatro grupos distintos: vegetação, massas de água, construção e terrenos estéreis (ver Tabela 3).

Tabela 3: Descrição do tipo de ocupação do solo

Land Cover Type	Description
Built-Up area	Include residences, industrial estates, nuclear power plants, etc.
Vegetation	Agricultural Land, Forest, plants, grasslands, etc.
Bare Land	Areas of exposed soil, roads, isolated and clustered settlements, and barren

No entanto, este estudo centrar-se-á principalmente em áreas construídas, vegetação e terra nua, uma vez que são as classes LULC dominantes na zona de sobremesa. Por conseguinte, este estudo gerou amostras de treino apenas para estas três classes de LULC. As imagens de séries temporais históricas do satélite Google e o compósito da banda RGB do Landsat 8 foram utilizados para gerar amostras de treino para cada classe de LULC. No entanto, não foram recolhidas amostras de treino para a massa de água em ambos os anos, uma vez que o foco principal deste estudo é a área construída, o solo nu e as terras agrícolas, considerando a cobertura mínima da massa de água na região desértica. Por conseguinte, neste estudo, parte-se do princípio de que a massa de água é constante e é excluída da análise. Em vez disso, foram extraídos dados de massas de água do Dynamic World e fundidos com imagens classificadas (Brown et al., 2022). Além disso, este estudo parte do princípio de que a área construída em 2013 seria constante no ano de 2023, pelo que a amostra de treino para a área construída em

2013 foi utilizada para o ano de 2023. Após a recolha das amostras de treino, todo o conjunto de dados foi dividido em 80% e 20% para treino e validação do modelo de aprendizagem automática. Um modelo Random Forest (RF) foi treinado nos dados de treino e 20% dos dados de validação foram mantidos fora da fase de treino. Após o treino do modelo, os 20% de dados retidos foram utilizados para avaliar o desempenho do modelo. A Tabela 4 mostra o número de amostras de treino recolhidas para 2013 e 2023.

Tabela 4: Número de amostras de treino recolhidas para cada classe LULC

Land Cover Type	2013	2023
Built-Up area	1,990	1,990
Vegetation	6,099	1,742
Bare Land	9,000	9,474

3.4. Floresta aleatória

O modelo Random Forest, uma técnica de aprendizagem em conjunto, aproveita o poder de várias árvores de decisão durante a sua fase de formação. Ao classificar, produz a moda das classes. Este modelo destaca-se pela sua robustez inerente contra o sobreajuste. Esta robustez é conseguida através da capitalização da diversidade das árvores individuais, que são criadas através de bootstrapping e da aleatoriedade das caraterísticas. Uma aplicação notável do modelo Random Forest é no domínio da classificação do uso e ocupação do solo (LULC) (Goldblatt et al., 2018; Islam et al., 2021; Ghosh et al., 2014; Thonfeld et al., 2020). Este modelo ganhou imensa popularidade neste domínio principalmente devido a duas razões. Em primeiro lugar, a sua aptidão para lidar com dados de elevada dimensão, como os extraídos de imagens de satélite multiespectrais. E, em segundo lugar, a sua capacidade inerente de avaliar eficazmente a importância das caraterísticas. Quando o classificador Random Forest é utilizado para tarefas LULC, consegue discernir até as diferenças subtis entre tipos complexos de ocupação do solo. Esta capacidade é fundamental para vários sectores, incluindo a monitorização ambiental, o planeamento urbano e a gestão de recursos.

Além disso, a capacidade de interpretação do modelo Random Forest, aliada à sua robustez, solidificou a sua posição como escolha preferencial para muitas aplicações espaciais. Durante o desenvolvimento do modelo, o modelo Random Forest é normalmente treinado utilizando um conjunto de dados de treino designado. Após este treino, é utilizado um conjunto de dados de validação separado para avaliar o desempenho do modelo. São utilizadas várias métricas de avaliação da precisão para garantir a fiabilidade do modelo. Após a classificação LULC, para aumentar a clareza e a coerência dos resultados, é utilizado um filtro maioritário. Este filtro desempenha um papel crucial na atenuação do ruído, conduzindo à geração de mapas mais suaves e mais coerentes.

3.5. Avaliação da exatidão

As métricas de avaliação da exatidão são utilizadas para avaliar o desempenho de classificação do modelo ML com base em dados reais não vistos. O objetivo era estabelecer uma comparação entre os pontos de referência e as imagens classificadas. Para a análise de validação, foram utilizadas as seguintes métricas de avaliação da precisão para validar os resultados do modelo e os mapas classificados.

3.6. Pontuação de precisão

A precisão é uma medida da capacidade do modelo para identificar corretamente amostras positivas do total de amostras positivas previstas. Quantifica a proporção de verdadeiros positivos (amostras positivas corretamente previstas) de todas as amostras previstas como positivas. A precisão é útil em cenários em que o custo de falsos positivos é elevado e queremos minimizar o número de previsões de falsos positivos. A fórmula para a precisão é:

Precisão = TP / (TP + FP) (2)

em que TP representa os verdadeiros positivos e FP representa os falsos positivos.

3.6.2. Pontuação de exatidão

A exatidão é uma medida da correção global das previsões do modelo. Calcula a proporção de amostras corretamente previstas (tanto verdadeiras positivas como verdadeiras negativas) em relação ao número total de amostras. A exatidão fornece uma avaliação global do desempenho do modelo em todas as classes. A fórmula para a exatidão é:

Precisão = (TP + TN) / (TP + TN + FP + FN) (3)

em que TP, TN, FP e FN representam os verdadeiros positivos, os verdadeiros negativos, os falsos positivos e os falsos negativos, respetivamente.

3.7. Deteção de alterações

A deteção de alterações na utilização e ocupação do solo (LULC) desempenha um papel fundamental na compreensão das interações entre as actividades humanas e o ambiente. Através da análise comparativa pixel a pixel de conjuntos de dados multitemporais, podem ser identificadas áreas de desflorestação, expansão urbana ou redução de zonas húmidas, etc. Estas alterações têm frequentemente impactos profundos nos ecossistemas locais, nos padrões climáticos e na biodiversidade (Bappa et al., 2022; Islam et al., 2022; Islam et al., 2021). Ao monitorizar as alterações das LULC, os decisores políticos podem tomar decisões informadas para o planeamento urbano sustentável, os esforços de conservação e a atenuação das alterações climáticas. Num mundo em rápida mudança, a deteção atempada e precisa das alterações LULC continua a ser indispensável. Por conseguinte, foi efectuada uma comparação pós-classificação através do contraste de imagens classificadas de dois períodos de tempo diferentes, 2013 e 2023, facilitando a identificação de alterações no Uso e Cobertura do Solo (LULC). Este processo envolveu o escrutínio de pixéis categorizados e o discernimento de mudanças entre diversas categorias de ocupação do solo. Os métodos de deteção de alterações, que englobam técnicas como a diferenciação de imagens e os índices de diferença normalizados, foram estrategicamente empregues para acentuar as flutuações matizadas nos padrões LULC ao longo do tempo. Através do cálculo de dissimilaridades entre pixels correspondentes em imagens multitemporais, foram identificadas regiões notáveis que sofreram alterações substanciais. Esta abordagem analítica revelou de forma robusta a dinâmica evolutiva da paisagem de Riade ao longo do período de tempo especificado (2013 a 2023).

Resultados e discussão

O fluxo de trabalho de classificação LULC foi implementado no Google Earth Engine (GEE) utilizando a API Python GEE, onde as amostras de treino foram carregadas e a coleção de imagens Landsat 8 e a coleção de imagens de luz nocturna para os meses de maio a agosto foram extraídas para os anos de 2013 e 2023. A imagem mediana foi calculada a partir da coleção de imagens, a fim de eliminar as imagens com ruído e obter um produto de imagem de melhor qualidade. As bandas selecionadas a partir da imagem mediana foram utilizadas no processo de classificação. Um modelo Random Forest (RF) foi treinado num conjunto de dados de treino e avaliado utilizando um conjunto de dados de validação. As imagens classificadas foram pós-processadas aplicando o filtro Marjory para remover o ruído e remover os pixéis classificados isolados. O corpo de água foi adicionado à imagem após a classificação. A Tabela 5 mostra a pontuação de exatidão e precisão no conjunto de dados de validação. Pode ver-se que a pontuação de precisão para todas as classes, tanto para 2013 como para 2023, é superior a 92%, o que indica resultados de classificação satisfatórios. A exatidão global para o ano de 2013 é de 95% e para o ano de 2023 é de

96%. Aumentou de 95% em 2013 para 96% em 2023, o que indica uma melhoria global da exatidão da classificação ao longo dos anos. Em resumo, o Quadro 5 mostra que a precisão melhorou ligeiramente de 0,97 em 2013 para 0,98 em 2023, indicando uma maior precisão na identificação de áreas construídas. Por outro lado, observamos um melhor desempenho na distinção dos tipos de vegetação, em que a exatidão aumentou de 0,92 em 2013 para 0,95 em 2023. Relativamente à terra nua, a precisão diminuiu de 0,99 em 2013 para 0,94 em 2023, o que sugere uma ligeira diminuição da precisão na identificação de terra nua.

Tabela 5: Métricas de avaliação da exatidão da classificação LULC com base no conjunto de dados de validação

Land Cover Type	**Precision Score -2013**	**Precision Score -2023**
Built-Up area	0.97	0.98
Vegetation	0.92	0.95
Bare Land	0.99	0.94
Overall Accuracy	95%	96%

Após a classificação das imagens para ambos os anos, foi efectuada uma análise de deteção de alterações. As detecções de alterações nas imagens classificadas revelaram mudanças significativas na paisagem.

Estas alterações foram identificadas através de uma abordagem de classificação supervisionada envolvendo três categorias distintas de ocupação do solo (ver Figura 6). Ao longo de várias décadas, registou-se um aumento gradual da extensão das áreas urbanizadas, especialmente na cidade de Riade. Nomeadamente, no período de 2013 a 2023, assistiu-se a uma expansão substancial dos aglomerados populacionais, com consequências notáveis para toda a composição ecológica das áreas circundantes. Este aumento na urbanização desencadeou uma reação em cadeia de efeitos em vários elementos ambientais. O aumento do desenvolvimento de infra-estruturas provocou alterações notáveis no ambiente e no ecossistema local, levando a um estado de transformação que não pode ser ignorado.

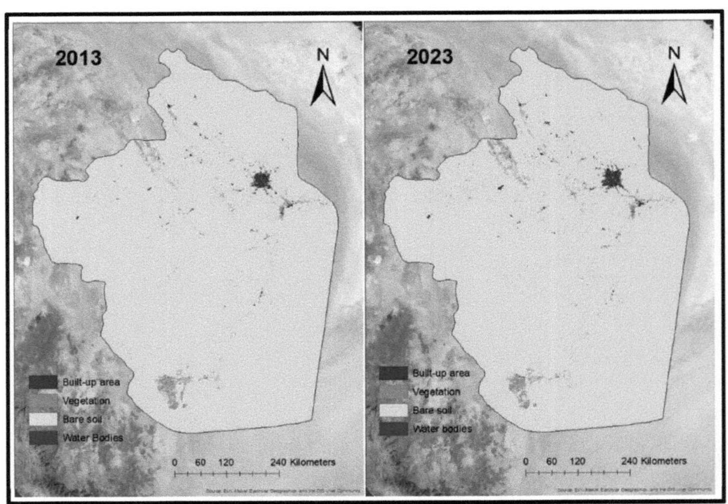

Figura 6: Imagem classificada de Riade, Arábia Saudita, para os anos 2013 e 2023.

A classificação da ocupação do solo da região de Riade ilustra vividamente um aumento notável da proporção de áreas construídas ao longo do tempo (ver Figura 7). Particularmente notável é o aumento dramático da urbanização na parte nordeste da região, que ultrapassou os desenvolvimentos noutras áreas, tornando-a um ponto de acesso proeminente para povoações emergentes. Consequentemente, é evidente que esta região específica registou um afluxo significativo de novas povoações e uma consequente onda de urbanização. Um olhar mais atento à Tabela 5 revela que, em 2013, a extensão das áreas construídas abrangia 178565,85 hectares. No entanto, no espaço de apenas 10 anos, esta área sofreu uma expansão substancial, atingindo um total de 216970,02 hectares, o que representa um aumento de 21,51%. A principal expansão urbana é visível em torno da cidade de Riade. Outras cidades mais pequenas, como Al-Dawadmy, Afif e Al-Majma'ah, também registaram um crescimento urbano significativo ao longo dos anos. Além disso, a expansão urbana emergente pode ser observada em torno das cidades maiores e mais pequenas. Este aumento notável sublinha a taxa considerável de desenvolvimento urbano e a transformação de terrenos anteriormente não urbanizados ou estéreis em áreas urbanizadas. Esta observação da rápida expansão urbana na região de Riade alinha-se com as conclusões de estudos anteriores realizados em Riade e nas suas áreas circundantes por Alqurashi & Gharbia (2018), Alqurashi et al. (2019) e Alharbia et al. (2019).

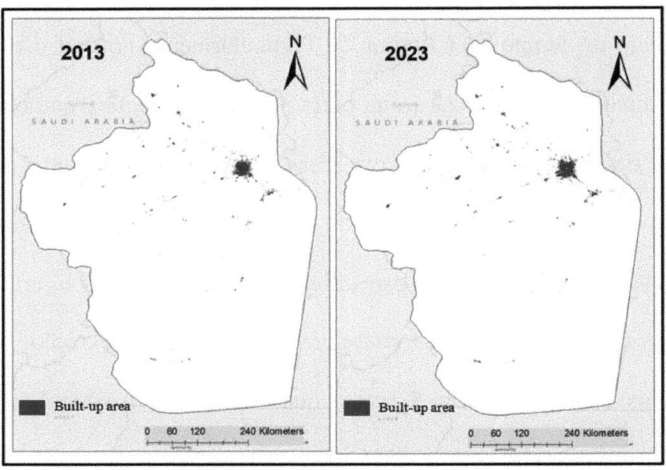

Figura 7: Variação espácio-temporal da área construída do ano 2013 a 2023.

Além disso, é evidente que a classe vegetação/terrenos agrícolas seguiu um padrão semelhante ao da classe edificada. No contexto da vegetação, há uma tendência notável e consistente de aumento da cobertura vegetal ao longo do tempo (ver Figura 8). Este facto contrasta fortemente com a tendência prevalecente de urbanização, em que esse crescimento quase não se observa na maioria das regiões. Este contraste torna-se ainda mais claro quando se examinam os dados apresentados no Quadro 3. Especificamente, os dados indicam que, em 2013, a cobertura vegetal total foi registada em 443946,69 hectares. No entanto, este valor registou um aumento notável, atingindo 558833,58 hectares até ao ano de 2023, o que representa um aumento de 25,89%. No entanto, este estudo não teve em conta a variação sazonal do coberto vegetal e apenas contabilizou a vegetação presente durante o período de maio a agosto de cada ano. Podemos constatar que há um aumento acentuado das terras agrícolas em torno de Sajir, Hadir e da cidade de Khurayman, o que contribui para o aumento global da vegetação num período de 10 anos. Esta observação sublinha a divergência entre as trajectórias de expansão da vegetação e o desenvolvimento urbano. Este aumento sublinha uma trajetória positiva na expansão da vegetação, distinguindo-a da tendência de desenvolvimento urbano prevalecente em muitas áreas. Pode-se inferir que a crescente demanda de produtos agrícolas das cidades vizinhas e a expansão urbana levam à expansão da agricultura na região. Esta observação da expansão das terras agrícolas e da vegetação alinha-se com as conclusões anteriores de Alqurashi et al. (2019), no entanto, discorda das conclusões de Alqurashi & Gharbia (2019) e Alrashed & Kumar (2017), uma vez que constataram que a vegetação está a diminuir.

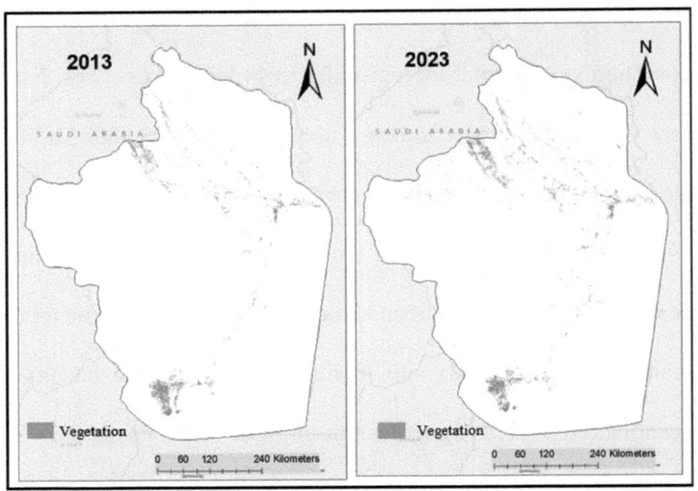

Figura 8: Variação espácio-temporal da vegetação do ano 2013 a 2023.

Por outro lado, quando se examina a classe de solo nu, torna-se evidente que esta ultrapassa a proporção de todas as outras classes de ocupação do solo na área de estudo (Figura 9). Este fenómeno ocorreu particularmente devido à localização de Riade numa região desértica, o que a distingue de outras áreas geográficas. A combinação única de factores, como a precipitação mínima, as elevadas taxas de evaporação e o crescimento limitado da vegetação, cria um ambiente em que o solo nu surge como a categoria dominante e única de ocupação do solo nas paisagens desérticas.

A ausência de um coberto vegetal consistente contribui para a proeminência do solo nu, deixando menos barreiras para obstruir a vista e tornando-o conspicuamente visível. A análise pormenorizada do quadro 3 sublinha esta tendência. É evidente que, em 2013, a extensão de terra coberta por solo nu ascendia a cerca de 40648857,03 hectares, que reduziu para 40495565,61 em 2023. Um total de 153291,42 ha de solo nu, que representa 0,37% da cobertura total do solo, foi convertido em área construída e terras agrícolas ao longo de 10 anos. Esta área registou uma redução marginal até ao ano 2023. Esta observação está de acordo com todos os estudos anteriores efectuados na região de Riade.

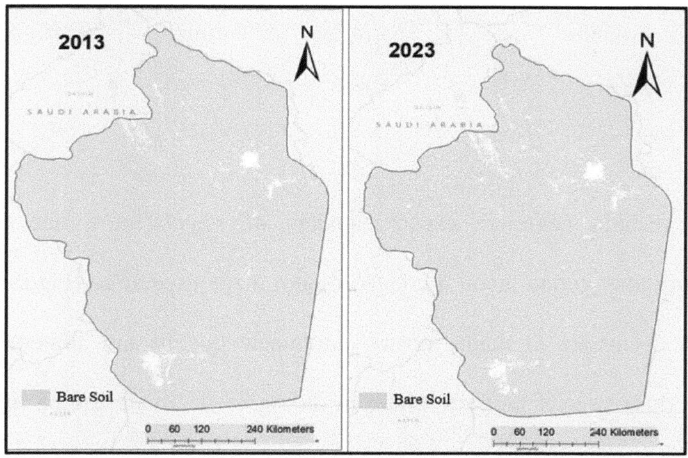

Figura 9: Variação espácio-temporal na forma de solo nu do ano 2013 a 2023.

Em suma, o Quadro 6 apresenta as alterações registadas em várias categorias de ocupação do solo ao longo de uma década. É de salientar que tanto a área edificada como a vegetação registaram uma tendência consistente para o aumento. A área edificada registou uma expansão de 38404,17 hectares, o que equivale a um aumento de 21,51%. Do mesmo modo, o coberto vegetal registou uma expansão de 114886,89 hectares, o que representa um crescimento significativo de 25,89%. Entre as três categorias, a Vegetação foi a que sofreu a transformação mais substancial. Em contrapartida, o Solo nu diminuiu em 153291,42 hectares entre 2013 e 2023, constituindo uma redução de 0,37%.

Tabela 5: Mudança de LULC na região de Riade

Land Cover Class	**2013 (Ha)**	**2023 (Ha)**	**Changes (Ha)**	**Changes (%)**
Built-up Area	178565.85	216970.02	38404.17 (+)	≈ 21.51% (+)
Vegetation	443946.69	558833.58	114886.89 (+)	≈ 25.89% (+)
Bare Soil	40648857.03	40495565.61	153291.42 (-1)	≈ 0.37% (-)

Este estudo centra-se especificamente na vegetação e nas áreas construídas, o que levou à criação de um mapa específico (Figura 10) para discussão. O mapa mostra claramente que há um aumento da cobertura vegetal na parte nordeste da região de Riade e uma ligeira diminuição na parte sul. Isto sugere que certas regiões sofreram alterações que envolveram a remoção de árvores, enquanto noutras partes se enraizaram novas florestas ou terras agrícolas. Simultaneamente, o mapa destaca claramente a expansão e o surgimento de novas áreas construídas.

A hipótese da investigação foi confirmada no que diz respeito à expansão urbana na região de Riade, que aumentou notavelmente a cobertura do solo construído. No entanto, no que respeita à categoria da vegetação, a hipótese permanece inconclusiva. Embora vários estudos anteriores tenham indicado uma tendência decrescente da cobertura vegetal nesta região (ver Capítulo 2: secção de revisão da literatura), a análise apresenta uma imagem mais matizada, mostrando uma redução da vegetação em certas áreas e o aparecimento de um novo crescimento da vegetação noutras. A redução/desmatação da vegetação pode ser o resultado do abandono das terras agrícolas. A variação sazonal das terras agrícolas pode ser outra razão potencial, o que significa que a imagem de satélite simplesmente não detectou a vegetação porque não havia cobertura vegetal na área quando a imagem de satélite foi tirada. Do mesmo modo, a hipótese que sugere um aumento do solo nu é contrariada pelos resultados. Na realidade, o processo de urbanização e a revolução agrícola na Arábia Saudita conduziram a uma redução do solo nu, contrariamente às expectativas. Este facto realça a complexidade das alterações da cobertura do solo em resposta ao desenvolvimento urbano.

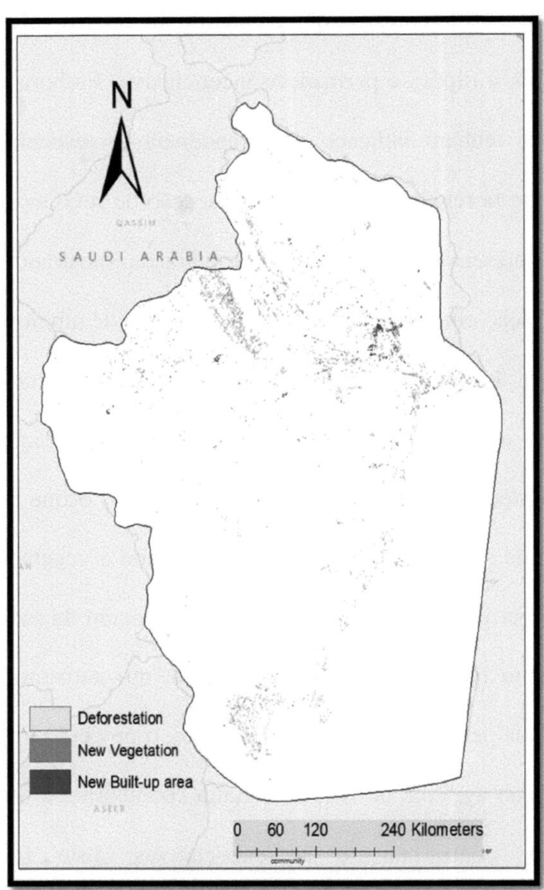

Figura 10: Mapa de transformação do uso e ocupação do solo entre 2013 e 2023.

Conclusão

A análise abrangente da dinâmica LULC de Riade, ancorada na estrutura robusta do Google Earth Engine, demonstra uma transformação impressionante num período de 10 anos. Utilizando a coleção de imagens Landsat 8 e a coleção de imagens de luz nocturna, criámos uma narrativa baseada em dados que capta o fluxo e refluxo da paisagem da região. A nossa abordagem de classificação, baseada num modelo Random Forest, demonstrou ser precisa, com pontuações consistentes superiores a 92% para ambos os anos analisados. Esta precisão sublinha a fiabilidade e a aplicabilidade da metodologia. Uma das revelações definidoras do nosso estudo foi a inconfundível expansão urbana, particularmente em torno da cidade de Riade. No espaço de uma década, este aumento da urbanização repercutiu-se no tecido ecológico da região. O aumento acentuado das áreas urbanizadas, especialmente no corredor nordeste de Riade, explica o ritmo e o padrão do crescimento urbano. Os resultados também indicam que as cidades mais pequenas e as zonas urbanas circundantes estão a registar uma rápida expansão das áreas urbanas. Para além disso, os nossos processos de mapeamento detalhados enriqueceram ainda mais a análise. Surgiram novas bolsas de crescimento de vegetação, sugerindo a evolução das práticas agrícolas ou dos esforços de florestação. Por outro lado, algumas áreas mostraram um declínio da vegetação, potencialmente relacionado com o abandono ou com a falta de crescimento vegetativo sazonal na cronologia de captura do satélite. Curiosamente, as nossas hipóteses iniciais enfrentaram alguns desafios após a análise. O crescimento antecipado em solo nu foi derrubado pela dinâmica urbana e agrícola, demonstrando a rápida evolução de Riade. De forma semelhante, embora tenhamos testemunhado a expansão urbana, a hipótese da vegetação foi mais complexa. Os declínios previstos foram contrabalançados por um novo crescimento, um padrão em mosaico que indica diversas práticas de utilização do solo e influências ambientais. Portanto, pode-se concluir que a crescente demanda por produtos agrícolas das cidades vizinhas também moldou as práticas agrícolas na região.

Em suma, as transformações LULC de Riade oferecem um mergulho profundo na narrativa em evolução da cidade. Desde os surtos de crescimento urbano às adaptações ecológicas, as conclusões revelam a interação multifacetada entre desenvolvimento, ambiente e planeamento. À medida que a cidade continua a sua trajetória, este estudo serve como pedra angular, um instantâneo de uma década, orientando a elaboração de políticas futuras e estratégias de desenvolvimento sustentável.

Embora nos tenhamos esforçado diligentemente por compreender e validar os dados que recolhemos, é crucial reconhecer as limitações e incertezas inerentes ao nosso estudo. Os dados obtidos a partir da deteção remota para observar objectos e áreas à distância podem nem sempre garantir a máxima precisão. Tais discrepâncias podem surgir devido a obstruções como a cobertura de nuvens sobre a área de interesse, limitações intrínsecas à tecnologia de observação ou interferências da atmosfera terrestre que afectam a nossa visibilidade. Consequentemente, os mapas que formulámos para representar os padrões terrestres e as conclusões que tirámos sobre a sua evolução podem não ser perfeitos. As transformações observadas na superfície da terra e as razões subjacentes a essas mudanças podem ser complexas. Talvez seja interessante dedicar um estudo separado para aprofundar os catalisadores destas modificações. As mudanças na terra não são ditadas apenas por processos naturais; a influência humana desempenha um papel fundamental. As normas socioeconómicas, as práticas culturais e os modelos de governação podem moldar profundamente os padrões de utilização da terra. Além disso, certos elementos espaciais e geográficos, como o advento de novas redes rodoviárias ou o início de pólos industriais e comerciais, podem estimular novos desenvolvimentos ou aumentar os já existentes (Islam et al., 2021). No entanto, quantificar o impacto exato destas variáveis e integrá-las sem problemas na nossa análise coloca desafios. Por conseguinte, é vital abordar as nossas conclusões com um certo grau de cautela, reconhecendo que pode haver aspectos que ainda não compreendemos completamente.

Principais conclusões

a. Urbanização rápida: O estudo revela uma expansão urbana significativa na região de Riade durante a última década. As áreas urbanas expandiram-se a um ritmo considerável, levando à conversão de terras agrícolas e solos nus em espaços construídos. Com uma taxa de crescimento de 21,51%, áreas como Riade, Al-Dawadmy, Afif e Al-Majma'ah destacaram-se como pólos de desenvolvimento urbano. A rápida urbanização contribuirá para o aumento das superfícies impermeáveis, a alteração dos padrões hidrológicos e a fragmentação dos habitats.

b. Transformação da vegetação: O estudo mostra um aumento invulgar da quantidade de vegetação, o que é bastante inesperado durante o desenvolvimento urbano. Em 2023, a vegetação tinha-se expandido em 25,89%. No entanto, é crucial reconhecer as nuances; o nosso enfoque limitou-se ao período de maio a agosto, o que pode ter ignorado as variações sazonais da vegetação. Cidades como Sajir, Hadir e Khurayman têm sido fundamentais para essa expansão vegetativa.

Enquanto certas regiões sofreram desflorestação e degradação do solo, outras áreas viram a bem-vinda adição de nova vida vegetal. Esta tendência surpreendente sugere que, no meio do crescimento urbano, alguns locais perderam infelizmente as suas árvores e sofreram a deterioração do solo. No lado positivo, há bolsas onde a urbanização e o novo habitat levaram, surpreendentemente, ao desenvolvimento de mais terras agrícolas e áreas com vegetação. Isto pode dever-se a esforços de reflorestação intencionais ou a alterações ecológicas naturais.

c. Diminuição do solo nu: Uma caraterística notável das paisagens desérticas é a prevalência de solo exposto. Durante o período de dez anos, de 2013 a 2023, registou-se uma redução de 0,37% na extensão de solo nu. No entanto, em comparação com a vasta quantidade de solo descoberto na região de Riade, a redução de 0,37% ou 153291,42 ha significa as influências abrangentes da urbanização e da agricultura. Esta alteração pode ser atribuída ao estabelecimento de novas povoações e ao aumento das terras agrícolas ou da vegetação que cobre a terra. À medida que os aglomerados humanos se expandem e mais plantas crescem, o solo nu e as manchas de deserto, outrora proeminentes, parecem ter diminuído de tamanho. Esta alteração sugere uma possível mudança no ambiente do deserto, com áreas que outrora eram apenas solo estéril a albergarem agora uma mistura de habitação humana e vida vegetal em crescimento.

B. Recomendações

1. Implementação de um planeamento urbano sustentável

É imperativo executar estratégias holísticas de planeamento urbano que dêem prioridade aos princípios do desenvolvimento sustentável. Isto implica a afetação eficiente do uso do solo, o estabelecimento de regulamentos de zonamento e a imposição de limites de crescimento urbano para travar a expansão descontrolada das áreas construídas.

2. Integração de infra-estruturas verdes

A integração de espaços verdes, parques urbanos e florestas urbanas deve ser integrada na paisagem urbana. Esta integração pode servir de contrapeso às superfícies impermeáveis, atenuando eficazmente os impactos adversos da urbanização. Estas áreas contribuem para o aumento da biodiversidade, a melhoria da qualidade do ar e a regulação das temperaturas urbanas.

3. **Promoção do crescimento inteligente**

A defesa de padrões de desenvolvimento compactos e de utilização mista é crucial para minimizar a expansão urbana e a conversão associada de paisagens naturais. Esta abordagem não só reduz a necessidade de longas deslocações, como também salvaguarda os espaços abertos e amplia a possibilidade de caminhar.

4. **Abraçar a renovação urbana**

O investimento na revitalização e reaproveitamento de espaços urbanos subutilizados ou abandonados pode aliviar a pressão sobre a transformação de terras agrícolas e habitats vitais em zonas urbanas.

5. **Gestão eficaz da água**

A criação de sistemas eficientes de gestão das águas pluviais para captar, armazenar e recarregar as águas pluviais é fundamental. Tais medidas podem atenuar as ocorrências de inundações, reabastecer os reservatórios de água subterrânea e aliviar as repercussões de padrões hidrológicos alterados.

6. **Priorizar a conservação e a restauração**

A salvaguarda de regiões ecologicamente sensíveis e de habitats naturais deve ser uma prioridade. Ao orientar os esforços de recuperação para a reabilitação de paisagens deterioradas e para a criação de corredores de vida selvagem, a questão da fragmentação dos habitats pode ser eficazmente atenuada.

7. **Promover a sensibilização do público**

É fundamental sensibilizar o público para a importância das práticas sustentáveis de utilização dos solos e para as suas profundas consequências ambientais. O envolvimento ativo das comunidades em iniciativas de conservação e na tomada de decisões responsáveis sobre a utilização dos solos deve ser fervorosamente encorajado.

8. **Incentivar as práticas ecológicas**

Oferecer incentivos aos promotores e proprietários de terrenos que incorporem práticas de construção ecologicamente conscientes, tais como a implementação de jardins nos telhados, pavimentos permeáveis e projectos arquitectónicos energeticamente eficientes.

9. **Promover a investigação em colaboração**

É crucial fomentar a colaboração entre organismos governamentais, investigadores, planeadores urbanos e partes interessadas. Este esforço de colaboração assegura a monitorização contínua das alterações das LULC, a avaliação das suas ramificações e o desenvolvimento de estratégias adaptáveis.

10. **Formular um quadro político sólido**

O estabelecimento e a aplicação rigorosa de políticas de utilização dos solos que dêem prioridade ao desenvolvimento sustentável, a monitorização vigilante das tendências LULC e o envolvimento proactivo em esforços de conservação são essenciais. São necessárias revisões e actualizações regulares das políticas para enfrentar eficazmente os desafios emergentes.

C. Direcções futuras da investigação

Dado que a compreensão das alterações da ocupação do solo e das suas implicações continua a evoluir, a investigação futura deve centrar-se nos seguintes domínios

1. **Análise a longo prazo**

O alargamento da análise para além do período de dez anos considerado neste estudo fornecerá informações sobre as tendências a longo prazo e os factores de mudança da ocupação do solo na região de Riade.

2. **Modelação das alterações climáticas**

A integração de modelos de alterações climáticas na análise pode projetar futuras alterações da ocupação do solo em diferentes cenários climáticos, ajudando no planeamento proactivo e na adaptação.

3. **Análise socioeconómica**

A análise dos factores socioeconómicos das alterações da ocupação do solo, como as políticas económicas e os padrões de investimento, aprofundará a compreensão das interações entre as actividades humanas e o ambiente.

4. **Avaliação dos serviços ecossistémicos**

A avaliação do impacte das alterações da ocupação do solo nos serviços ecossistémicos, como os recursos hídricos, o sequestro de carbono e a qualidade do ar, constituirá um apoio suplementar às decisões de gestão sustentável do território.

Referências

Alessandrini, Corrado & Scridel, Davide & Boitani, Luigi & Pedrini, Paolo & Brambilla, Mattia. (2022). Variáveis detectadas remotamente explicam a seleção de microhabitat e revelam comportamentos de proteção contra o aquecimento em uma espécie de ave sensível ao clima. Sensoriamento Remoto em Ecologia e Conservação. 8. 10.1002/rse2.265.

Almutairi, A., & Warner, T. A. (2013). Deteção de mudanças no uso/cobertura do solo usando técnicas de sensoriamento remoto e SIG. International Journal of Geosciences, 4(6), 1180-1192.

Alqurashi, A. F., & Kumar, L. (2014). Uso da terra e deteção de mudanças na cobertura da terra nas cidades do deserto da Arábia Saudita de Makkah e al-Taif usando dados de satélite. Advances in Remote Sensing, 03(03), 106-119. https://doi.org/10.4236/ars.2014.33009

Alqurashi, A. F., & Kumar, L. (2017a). Uma avaliação do impacto da urbanização e das mudanças no uso da terra nas cidades de rápido crescimento da Arábia Saudita. Geocarto International, 34(1), 78-97. https://doi.org/10.1080/10106049.2017.1367423

Alqurashi, A. F., & Kumar, L. (2017b). Mapeamento da expansão urbana e avaliação dos seus impactos ambientais na região metropolitana de Riade, na Arábia Saudita, utilizando dados de deteção remota. Ambiente, Desenvolvimento e Sustentabilidade, 19(6), 2405-2423.

Alqurashi, A. F., Kumar, L., & Al-Ghamdi, K. (2015). Avaliação e mapeamento da degradação da terra nas terras altas da região de Asir, Arábia Saudita, usando técnicas de sensoriamento remoto e SIG. Ciências Ambientais da Terra, 73(6), 2995-3007.

Alqurashi, A., & Kumar, L. (2013). Investigando o uso de técnicas de sensoriamento remoto e SIG para detetar mudanças no uso e cobertura da terra: A review. Avanços em Sensoriamento Remoto.

Alsaad, A. A., Alsamanh, A. S., & Babalghith, A. O. (2020). Análise espaço-temporal da expansão urbana e mudanças no uso e cobertura da terra na cidade de Riade, Arábia Saudita, usando técnicas de sensoriamento remoto e SIG. Arabian Journal of Geosciences, 13(12), 1-16.

Al-Tuwaijri, H. A. (2018). Expansão urbana da cidade de Riyadh (1987-2017): Um estudo usando técnicas de sensoriamento remoto e sistemas de informação geográfica. Revista de Arquitetura e Planejamento, 30(2).

Anjum, M. N., Faisal, M., Ahmad, I., & Shaheen, S. (2019). Análise espaço-temporal da mudança de uso / cobertura da terra na bacia do rio Indus, Paquistão. Journal of Mountain Science, 16(6), 1426-1438.

AVCI, C., BUDAK, M., YAĞMUR, N., & BALÇIK, F. (2023). Comparação entre algoritmos de floresta aleatória e máquina de vetor de suporte para classificação LULC. International Journal of Engineering and Geosciences, 8(1), 1-10. https://doi.org/10.26833/ijeg.987605

Azzari, G., & Lobell, D. B. (2017). Classificação baseada em Landsat na nuvem: Uma oportunidade para uma mudança de paradigma no monitoramento da cobertura do solo. Remote Sensing of Environment,

202, 64-74. https://doi.org/10.1016/j.rse.2017.05.025

Bahabri, F. N., Khattab, A. A., & Jani, Y. M. (2021). Deteção e modelagem de expansão urbana na cidade de Riade usando sensoriamento remoto e GIS. ISPRS International Journal of Geo-Information, 10(5), 302.

Bappa, S. A., Malaker, T., Mia, Md. R., & Islam, M. D. (2022). Variação espácio-temporal das mudanças no uso e cobertura do solo e seu impacto na temperatura da superfície terrestre: A case of Kutupalong Refugee Camp, Bangladesh. Heliyon, 8(9). https://doi.org/10.1016/j.heliyon.2022.e10449

Belgiu, M., & Drăguţ, L. (2016). Floresta aleatória em sensoriamento remoto: Uma revisão de aplicações e direções futuras. ISPRS Journal of Photogrammetry and Remote Sensing, 114, 24-31. https://doi.org/10.1016/j.isprsjprs.2016.01.011

Breiman, L. (1996). Bagging Predictors (Vol. 24). Berkeley: Kluwer Academic Publishers. Recuperado de https://link.springer.com/content/pdf/10.1023%2FA%3A10180543143

50.pdf

Breiman, L. (2001). Random Forests (Vol. 45). Berkeley. Obtido em https://link.springer.com/content/pdf/10.1023%2FA%3A1010933404324.pdf

Brown, C. F., Brumby, S. P., Guzder-Williams, B., Birch, T., Hyde, S. B., Mazzariello, J., Czerwinski, W., Pasquarella, V. J., Haertel, R., Ilyushchenko, S., Schwehr, K., Weisse, M., Stolle, F., Hanson, C., Guinan, O., Moore, R., & Tait, A. M. (2022). Dynamic World, mapeamento global quase em tempo real da ocupação do solo de 10 m. Scientific Data, 9(1). https://doi.org/10.1038/s41597-022-01307-4

Cheng, G., Zhang, L., Zhao, X., Wu, B., Wang, X., & Xu, X. (2019). Mudanças espaço-temporais na cobertura da terra e seus impactos no armazenamento de carbono do ecossistema no planalto Qinghai-Tibet durante 2001-2015. Sensoriamento Remoto do Meio Ambiente, 222, 324-336.

Cohen, W. B., Yang, Z., & Stehman, S. V. (2016). Medindo a área de superfície impermeável global usando dados do Landsat.

Sensoriamento Remoto do Meio Ambiente, 170, 214-227

Dubertret, F., Le Tourneau, F. M., Villarreal, M. L., & Norman, L. M. (2022). Monitoramento da mudança anual de uso / cobertura do solo na área metropolitana de Tucson com o Google Earth Engine (1986-2020). Sensoriamento Remoto, 14(9), 2127.

Feller, W. (1971). Uma introdução à teoria das probabilidades e suas aplicações. Vol. II. (Segundo). Nova Iorque, EUA: Willey.

Gbodjo, Y. J. E., Leroux, L., Gaetano, R., & Ndao, B. (2019). Mapeamento de cobertura do solo de múltiplas fontes baseado em RNN: Uma aplicação à paisagem da África Ocidental. Em MACLEAN@ PKDD/ECML.

Ghosh, A., Sharma, R., & Joshi, P. K. (2014). Classificação florestal aleatória da paisagem urbana utilizando o arquivo Landsat e dados auxiliares: Combinando mapas sazonais com fusão de nível de decisão. Applied Geography, 48, 31-41. https://doi.org/10.1016/j.apgeog.2014.01.003

Ghosh, A., Sharma, R., & Joshi, P. K. (2014). Random Forest

Classification of urban landscape using landsat archive and ancillary data: Combinando mapas sazonais com fusão de nível de decisão. Applied Geography, 48, 31-41. https://doi.org/10.1016/j.apgeog.2014.01.003

Gislason, P. O., Benediktsson, J. A., & Sveinsson, J. R. (2006). Random Forests for land cover classification. Pattern Recognition Letters, 27(4), 294-300. https://doi.org/10.1016/j.patrec.2005.08.011

Goldblatt, R., Stuhlmacher, M. F., Tellman, B., Clinton, N., Hanson, G., Georgescu, M., Wang, C., Serrano-Candela, F., Khandelwal, A. K., Cheng, W.-H., & Balling, R. C. (2018). Usando landsat e luzes noturnas para classificação supervisionada de imagens baseadas em pixels da cobertura do solo urbano. Sensoriamento Remoto do Meio Ambiente, 205, 253-275. https://doi.org/10.1016/j.rse.2017.11.026

Goldblatt, R., You, W., Hanson, G., Khandelwal, A., Goldblatt, R., You, W., ... Khandelwal, A. K. (2016). Detectando os limites das áreas urbanas na Índia: Um conjunto de dados para classificação de imagens com base em pixels no Google Earth Engine. Sensoriamento Remoto,

8(8), 634. https://doi.org/10.3390/rs8080634

Gong, P., Wang, J., Yu, L., Zhao, Y., Zhao, Y., Liang, L., ... Chen, J. (2013). Observação de resolução mais fina e monitorização da cobertura global do solo: primeiros resultados de mapeamento com dados Landsat TM e ETM+. International Journal of Remote Sensing, 34(7), 2607-2654. https://doi.org/10.1080/01431161.2012.748992

Gorelick, N., Hancher, M., Dixon, M., Ilyushchenko, S., Thau, D., & Moore, R. (2017). Google Earth Engine: Análise geoespacial à escala planetária para todos. Sensoriamento Remoto do Ambiente, 202, 18-27. https://doi.org/10.1016/j.rse.2017.06.031

Gorelick, N., Hancher, M., Dixon, M., Ilyushchenko, S., Thau, D., & Moore, R. (2017). Google Earth Engine: Análise geoespacial à escala planetária para todos. Sensoriamento Remoto do Ambiente, 202, 18-27. https://doi.org/10.1016/j.rse.2017.06.031

Guan, H., Li, J., Chapman, M., Deng, F., Ji, Z., & Yang, X. (2013). Integração de dados de ortoimagem e lidar para mapeamento temático urbano baseado em objetos usando florestas aleatórias. International

Journal of Remote Sensing, 34(14), 5166-5186. https://doi.org/10.1080/01431161.2013.788261

Hansen, M. C., Potapov, P. V, Moore, R., Hancher, M., Turubanova, S. A., Tyukavina, A., ... Townshend, J. R. G. (2013). Mapas globais de alta resolução da mudança de cobertura florestal do século 21. Science, 342(6160), 850-853. https://doi.org/10.1126/science.1244693

Hasan, S., Shi, W., Zhu, X., & Abbas, S. (2019). Monitoramento do uso / cobertura da terra e mudanças socioeconômicas no sul da China nas últimas três décadas usando dados do landsat e da luz noturna. Sensoriamento Remoto, 11(14), 1658. https://doi.org/10.3390/rs11141658

Ibrahim, H. H., Elfaig, A. H., Mokhtar, J., Egemi, O., & Abdelkreim, M. (2015). Deteção de alterações no uso/cobertura do solo em terras semi-áridas: Um estudo da área Sudão-Ghubaysh: A GIS and remote sensing perspective. Int. J. Sci. Technol. Res, 4(5).

Islam, M. D., Di, L., Mia, Md. R., & Sithi, M. S. (2022). Mapeamento de desmatamento de Sundarbans usando dados sentinel-2 multitemporais & transferência de aprendizagem. 2022 10th International Conference on Agro-Geoinformatics (Agro-Geoinformatics). https://doi.org/10.1109/agro-geoinformatics55649.2022.9858968

Islam, M. D., Islam, K. S., Ahasan, R., Mia, M. R., & Haque, M. E. (2021). Uma abordagem baseada em aprendizado de máquina orientada por dados para modelagem de mudança de cobertura de solo urbano: Um caso da área da corporação da cidade de Khulna. Aplicações de Sensoriamento Remoto: Sociedade e Ambiente, 24, 100634. https://doi.org/10.1016/j.rsase.2021.100634

Jensen, J. R. (2007). Deteção remota do ambiente: Uma perspetiva dos recursos da Terra. Pearson Education.

Koko, Faisal & Yue, Wu & Abubakar, Ghali & Hamed, Roknisadeh & Alabsi, Akram. (2020). Monitorização e previsão de alterações espácio-temporais do uso/cobertura do solo na cidade de Zaria, Nigéria, através de um modelo integrado de autómatos celulares e cadeias de Markov (CA-Markov). Sustainability. 12. 10452. 10.3390/su122410452.

Kumar, Ravi. (2022). Sensoriamento remoto e mapeamento de deteção de mudanças no uso e cobertura do solo com base em SIG do distrito de Jind, Haryana. 03. 869-874.

Le, T. D., Pham, L. H., Dinh, Q. T., Hang, N. T., & Tran, T. A. (2022). Método rápido para classificação anual de LULC usando floresta aleatória e incorporando séries temporais de NDVI e topografia: Um estudo de caso da província de Thanh Hoa, Vietname. Geocarto International, 37(27), 17200-17215. https://doi.org/10.1080/10106049.2022.2123959

Li, Xiao & Ling, Feng. (2019). SFSDAF: Um FSDAF aprimorado que incorpora informações de mudança de fração de classe de subpixel para fusão de imagem espaço-temporal. Sensoriamento Remoto do Meio Ambiente. 237. 10.1016/j.rse.2019.111537.

Lin, C., Wu, C.-C., Tsogt, K., Ouyang, Y.-C., & Chang, C.-I. (2015). Efeitos da correção atmosférica e do pansharpening na precisão da classificação LULC utilizando imagens worldview-2. Information Processing in Agriculture, 2(1), 25-36.

https://doi.org/10.1016/j.inpa.2015.01.003

Lin, Yi-Ren & Wu, Yu-Chin & Wu, Chi-Ming & Lai, Pao-Shan. (2015). Classificação da cobertura do solo a partir de imagens multiespectrais usando redes neurais de subespaço. Neurocomputing. 168. 297-307. 10.1016/j.neucom.2015.05.051.

Lu, D., & Weng, Q. (2007). A survey of image classification methods and techniques for improving classification performance. Revista Internacional de Sensoriamento Remoto, 28(5), 823-870.

Lu, D., Mausel, P., Brondizio, E., & Moran, E. (2004). Técnicas de deteção de alterações. International Journal of Remote Sensing, 25(12), 2365-2407.

Ma, L., Liu, Y., Zhang, X., Ye, Y., Yin, G., & Johnson, B. A. (2019). Aprendizagem profunda em aplicações de sensoriamento remoto: Uma meta-análise e revisão. ISPRS Journal of Photogrammetry and Remote Sensing, 152, 166-177. https://doi.org/10.1016/j.isprsjprs.2019.04.015

Mc Cutchan, M., Comber, A. J., Giannopoulos, I., & Canestrini,

M. (2021). Aumento semântico: Aprimorando a classificação LULC baseada em aprendizado profundo. Sensoriamento Remoto, 13(16), 3197. https://doi.org/10.3390/rs13163197

Melichar, M. (2022). Mapeamento de vegetação de alta resolução nos desertos de Sonora e Mojave usando a classificação de floresta aleatória de dados multitemporais do Landsat 8 e métricas de fenologia (tese de mestrado, Universidade do Arizona).

Miceli, T. J., & Sirmans, C. F. (2007). The holdout problem, urban sprawl, and eminent domain. Journal of Housing Economics, 16(3-4), 309-319. https://doi.org/10.1016/j.jhe.2007.06.004

Midekisa, A., Holl, F., Savory, D. J., Andrade-pacheco, R., Gething, W., Bennett, A., & Sturrock, H. J. W. (2017). Mapeamento da mudança de cobertura do solo na África continental usando a computação em nuvem do Landsat e do Google Earth Engine. PloS One, 12(9), e0184926. https://doi.org/10.1371/journal.pone.0184926

Nechyba, T. J., & Walsh, R. P. (2004). Urban sprawl. Journal of Economic Perspectives, 18(4), 177-200.

https://doi.org/10.1257/0895330042632681

Pal, M. (2005). Random forest classifier for remote sensing classification (Classificador de floresta aleatória para classificação de deteção remota). International Journal of Remote Sensing, 26(1), 217-222. https://doi.org/10.1080/01431160412331269698

Pal, M., & Mather, P. M. (2003). An assessment of the effectiveness of decision tree methods for land cover classification. Remote Sensing of Environment, 86(4), 554-565. https://doi.org/10.1016/S0034-4257(03)00132-9

Patel, N. N., Angiuli, E., Gamba, P., Gaughan, A., Lisini, G., Stevens, F. R., ... Trianni, G. (2015). Mapeamento multitemporal de assentamentos e populações a partir do Landsat usando o Google Earth Engine. International Journal of Applied Earth Observations and Geoinformation, 35, 199-208. https://doi.org/10.1016/j.jag.2014.09.005

Pettorelli, N., Wegmann, M., Skidmore, A., Mücher, S., Dawson, T. P., Fernandez, M., ... & Dubois, G. (2014). Enquadrar o conceito de variáveis essenciais da biodiversidade por deteção remota por satélite:

Desafios e direcções futuras. Sensoriamento Remoto em Ecologia e Conservação, 1(1), 1-16.

Phalke, A. R., & Özdoğan, M. (2018). Mapeamento da extensão de terras agrícolas de grandes áreas com dados landsat e um classificador generalizado. Sensoriamento Remoto do Meio Ambiente, 219, 180-195. https://doi.org/10.1016/j.rse.2018.09.025

Phalke, A. R., Özdoğan, M., Thenkabail, P. S., Erickson, T., Gorelick, N., Yadav, K., & Congalton, R. G. (2020). Mapeamento de terras agrícolas da Europa, Oriente Médio, Rússia e Ásia Central usando landsat, floresta aleatória e mecanismo do Google Earth. ISPRS Journal of Photogrammetry and Remote Sensing, 167, 104-122. https://doi.org/10.1016/j.isprsjprs.2020.06.022

Piao, Y., Jeong, S., Park, S., & Lee, D. (2021). Análise da mudança de uso e cobertura do solo usando dados de séries temporais e Random Forest na Coreia do Norte. Sensoriamento Remoto, 13(17), 3501. https://doi.org/10.3390/rs13173501

Prasad, S. V. S., Savithri, T. S., & V. Murali Krishna, I. (2017).

Comparação de medidas de precisão para classificação de imagens RS usando classificadores SVM e Ann. Jornal Internacional de Engenharia Elétrica e de Computadores (IJECE), 7(3), 1180. https://doi.org/10.11591/ijece.v7i3.pp1180-1187

Reis, H. Ç., & Yılancı, G. (2019). Determinação da mudança de uso da terra usando máquinas de vetor de suporte: Um estudo de caso de Arnavutkoy, Istambul. Revista Internacional de Meio Ambiente e Geoinformática, 8(3), 256-266.

Rodriguez-Galiano, V. F., Ghimire, B., Rogan, J., Chica-Olmo, M., & Rigol-Sanchez, J. P. (2012). Uma avaliação da eficácia de um classificador de floresta aleatória para classificação de cobertura do solo. ISPRS Journal of Photogrammetry and Remote Sensing, 67, 93-104. https://doi.org/10.1016/J.ISPRSJPRS.2011.11.002

Rousset, G., Despinoy, M., Schindler, K., & Mangeas, M. (2021). Avaliação de técnicas de aprendizagem profunda para classificação da cobertura do solo no sul da Nova Caledônia. Sensoriamento Remoto, 13(12), 2257. https://doi.org/10.3390/rs13122257

Rudel, T. K., Schneider, L., Uriarte, M., Turner, B. L., DeFries, R., Lawrence, D., ... & Hecht, S. (2009). Intensificação agrícola e mudanças nas áreas cultivadas, 1970-2005. Actas da Academia Nacional de Ciências, 106(49), 20675-20680.

Seto, K. C., Güneralp, B., & Hutyra, L. R. (2012). Previsões globais da expansão urbana até 2030 e impactos diretos na biodiversidade e nos reservatórios de carbono. Proceedings of the National Academy of Sciences, 109(40), 16083-16088.

Seto, K. C., Reenberg, A., Boone, C. G., Fragkias, M., Haase, D., Langanke, T., ... & Schneider, A. (2012). Teleconexões de terras urbanas e sustentabilidade. Actas da Academia Nacional das Ciências, 109(20), 7687-7692.

Shihab, T., Al-Hameedawi, A., & Hamza, A. (2020). Algoritmos Random Forest (RF) e Artificial Neural Network (ANN) para mapeamento LULC. Engineering and Technology Journal, 38(4A), 510-514. https://doi.org/10.30684/etj.v38i4a.399

Slaev, A., & Nikiforov, I. (2013). Factores de expansão urbana na

Bulgária. Spatium, (29), 22-29. https://doi.org/10.2298/spat1329022s

Sonawane, K. R., & Bhagat, V. S. (2017). Sensoriamento remoto da terra.

Tan, J., Zheng, Y., Tang, X., Guo, C., Li, L., Song, G., Zhen, X., Yuan, D., Kalkstein, A. J., Li, F., & Chen, H. (2010). A ilha de calor urbana e o seu impacto nas ondas de calor e na saúde humana em Xangai. International Journal of Biometeorology, 54(1), 75-84. https://doi.org/10.1007/s00484-009-0256-x

Thonfeld, F., Steinbach, S., Muro, J., & Kirimi, F. (2020). Avaliação de longo prazo da mudança de uso / cobertura da terra da bacia hidrográfica de Kilombero na Tanzânia usando classificação de floresta aleatória e análise robusta de vetor de mudança. Sensoriamento Remoto, 12(7), 1057. https://doi.org/10.3390/rs12071057

Trianni, G., Angiuli, E., Lisini, G., & Gamba, P. (2014). Assentamentos humanos a partir de dados Landsat usando o Google Earth Engine. Em 2014 IEEE Geoscience and Remote Sensing Symposium (pp. 1473-1476). IEEE. https://doi.org/10.1109/IGARSS.2014.6946715

Tumer, K., & Ghosh, J. (1996). Análise dos limites de decisão em classificadores neurais combinados linearmente. Pattern Recognition, 29(2), 341-348. https://doi.org/10.1016/0031-3203(95)00085-2

Turner II, B. L., Skole, D., Sanderson, S., Fischer, G., Fresco, L., & Leemans, R. (2015). Plano de ciência/investigação sobre o uso e ocupação do solo. IGBP Report 48/IHDP Report 10, Secretariado do IGBP, Estocolmo.

Usman, M., Liedl, R., Shahid, M. A., & Abbas, A. (2015). Classificação da utilização/cobertura do solo e sua deteção de alterações utilizando dados MODIS NDVI multitemporais. Journal of Geographical Sciences, 25(12), 1479-1506. https://doi.org/10.1007/s11442-015-1247-y

Wang, Y., Mitchell, B. R., Nugranad-Marzilli, J., Bonynge, G., Zhou, Y., & Shriver, G. (2009). Sensoriamento remoto da mudança da cobertura do solo e do contexto paisagístico dos Parques Nacionais: A case study of the Northeast Temperate Network. Sensoriamento remoto do ambiente, 113(7), 1453-1461.

Waske, B., & Braun, M. (2009). Classifier ensembles for land cover mapping using multitemporal SAR imagery. ISPRS Journal of Photogrammetry and Remote Sensing, 64(5), 450-457. https://doi.org/10.1016/j.isprsjprs.2009.01.003

Wen, Z., Wu, S., Chen, J., & Lü, M. (2017). O NDVI indicou mudanças interanuais de longo prazo nas atividades da vegetação e suas respostas a fatores climáticos e antropogênicos na região do reservatório das Três Gargantas, China. Ciência do Ambiente Total, 574, 947-959.

Yao, Y., Chen, D., Chen, L., Wang, H., & Guan, Q. (2018). Uma série temporal de extensão urbana na China usando dados de luz noturna DSMP / OLS. PLOS ONE, 13(5). https://doi.org/10.1371/journal.pone.0198189

Zhang, J., Li, Y., Wang, S., & Zhang, Y. (2020). Mudanças espaço-temporais na cobertura do solo e seus efeitos na temperatura da superfície terrestre e na umidade do solo no Delta do Rio das Pérolas, China. Sensoriamento Remoto, 12(18), 2932.

Zhang, T., & Chen, Y. (2022). Os efeitos da alteração da paisagem na qualidade do habitat em zonas desérticas áridas com base em cenários futuros: A bacia do rio Tarim como um estudo de caso. Frontiers in Plant Science, 13, 1031859.

Zou, Y., Ma, Y., Zhang, Y., He, X., Liu, J., Wu, X., & Wei, X. (2020). Mudanças espaço-temporais e seus fatores determinantes do uso/cobertura da terra na Bacia do Rio Amarelo, China. Sustainability, 12(15),), 6249.

Printed by Books on Demand GmbH, Norderstedt / Germany